교과서 밖에서 배우는
재미있는
수학상식

교과서 밖에서 배우는
재미있는 수학상식

찍은날 ┃ 2009년 9월 10일
펴낸날 ┃ 2009년 9월 17일

지은이 ┃ 송 은 영
펴낸이 ┃ 조 명 숙
펴낸곳 ┃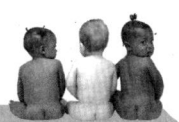
등록번호 ┃ 제16-2083호
등록일자 ┃ 2000년 1월 17일

주소 ┃ 서울·금천구 가산동 771 두산 112-502
전화 ┃ (02) 851-9511
팩스 ┃ (02) 852-9511
전자우편 ┃ hannae21@korea.com

ISBN 89-86607-59-8 03410

값 8,000원

• 잘못된 책은 바꾸어드립니다.

교과서 밖에서 배우는
재미있는 수학상식

송은영 지음

도서출판 맑은창

머리말 이천삼년·팔월·일산에서
………………… 송은영

　'참 따분하고 머리 아프게 하는 것 중의 하나가 수학이란 학문이다'라고 대다수의 사람들은 이렇게 생각한다.
　그러나 일부의 사람들은 다르게 말한다.
　"수학만큼 흥미진진한 게 있을까요?"
　"수학은 그 오묘함의 깊이가, 파고들어가면 파고들어갈수록 더욱 환상적으로 다가오는 그런 학문이에요."

    그렇다. 진짜 수학에 맛을 들여 그 속에 푹 매료되고 나면, '그보다 더욱 아름다운 세상은 없다'라고 감히 호언장담하듯 이렇게 주장하는 것이다.

    그렇다면 수학이란 하나의 학문을 놓고서, 왜 이런 극과 극으로 나누어지는 양단 상황이 뚜렷하게 벌어지는 걸까?

    거기에는 여러 가지 원인이 있을 터이지만, 우리가 마주하는 수학이 진정한 본 모습과는 상당한 거리가 있다는 데 가장 큰 요인이 있지 않을까 싶다.

    그렇다. 우리는 무턱대고 수학 공식을 외워서, 단지 문제 푸는 데에만 온 기력을 쏟아 붓고 있다.

    수학의 참다운 맛과 멋은 그런 데 있는 것이 아닌데도, 우리는 그러한 숙달에만 미친 듯이 익숙해 있는 것이다. 공식 그 자체는 아무런 쓸모가 없는데도, 우리는 그저 공식만 암기하고 그걸 문제 풀기에만 이용하고 있을 뿐인 것이다.

    그러다 보니, '이런 걸 대체 어디에다 써먹는지 모르겠다'라고 하는 푸념뿐이다.

    그러나 정녕 그럴까?

    수학을 아는 사람은 수학이 없는 문명 생활이 결코 가능하지 않다는 데 전혀 이의를 달지 않는다. 그만큼 수학은 우리의 삶과 뗄래야 뗄 수 없는 관계에 있는 것이다.

머리말

그래서 우리의 뇌리에 부지불식간에 주입된 수학에 대한 잘못된 고정 관념을 떨어내 버려야 하는 것이다. 수학의 참다운 맛과 멋을 조금이라도 이끌어내려면 말이다.

그렇게 하자면, 수학 공식 내면의 세상으로 파고들어가야 한다. 즉, 수학 공식이 뜻하는 바가 무엇이고, 그것이 세상사와 어찌 연관되어 있으며, 또한 자연의 비밀을 어떻게 술술 풀어내고 있는지를 알아보아야 하는 것이다.

이러한 다가감에 일조하고자 하는 마음으로 쓴 글이 이 책에 오롯이 담겨 있다. 이 글을 통해 수학에 대한 기존의 생각이 바꾸었다는 독자들의 소리가 들려온다면, 지은이로서 그보다 더 큰 고마움은 없을 것이다.

나에게 따스한 손길과 눈길을 이 순간에도 한결같이 보내주고 있는 고마운 분들과 이 책이 나오는 기쁨을 함께 즐거이 나누고 싶다.

송은영

차 례 CONTENTS

머리말 · 5

1. 수의 신비로움 ·· 12

15 부시먼의 오판 / 마음 속 숫자 알아맞히기
24 신비의 숫자 꾸러미 / 마방진
34 수는 만물의 척도 / 1, 2, 3, 4에 담긴 뜻
39 신대륙을 뒤덮은 양귀비 / 자연 속 수의 신비
46 무지막지한 수를 쉽게 다루는 법 / 거듭제곱의 편리함
55 대사원의 원판 옮기기 / 횟수 속에 숨은 규칙
66 하늘과 땅을 모래알로 채우면 / 극과 극의 수
73 쿠푸왕의 대피라미드 / 피라미드에 담긴 수의 의미
84 피타고라스의 대오류 / 무리수

2. 기묘한 도형의 세상 ··········· 88

- 91 박첨지의 끝없는 욕심 / 도형의 면적
- 99 굴뚝 청소를 한 두 사내 / 뫼비우스의 띠
- 108 모든 지도는 4가지 색으로 색칠이 가능하다 / 4색 문제
- 113 내부일까, 외부일까 / 조르당 곡선의 특성
- 119 아르키메데스의 유언에 담긴 뜻 / 원기둥에 내접한 구와 원뿔
- 126 원주율을 찾아라 / 원주율
- 134 이집트의 지오메트리 / 이집트의 기하학
- 138 정통 기하학의 밑거름이 되다 / 그리스의 기하학
- 143 아폴로 신과 전염병 / 부피가 두 배가 되는 제단
- 150 나일 강 범람이 낳은 문제 / 원과 면적이 같은 정사각형
- 156 세상에서 가장 아름다운 분할 / 황금 분할
- 162 페르가의 아폴로니우스 / 원뿔 곡선
- 168 몇 채의 주택이 필요할까 / 오일러의 수
- 177 L의 이자 갚는 법 / 도형을 이용한 이자 계산

차례 CONTENTS

3. 오묘한 확률과 평균 ········· 184

- 187 딸만 내리 여섯, 다음은 아들일거야 / 도박사의 오류
- 193 도박에서 탄생한 학문 / 확률의 탄생
- 200 우연의 일치는 빈번하다 / 확률의 법칙
- 207 제멋대로 자르고 제멋대로 늘린다 / 프로크루스테스의 평균화
- 212 도주하는 도적떼 / 평균과 표준 편차
- 217 어느 프로 축구팀의 파업 / 평균의 적용
- 222 복권 장사는 절대로 망하지 않는 사업 / 기대값
- 226 결국은 꽝으로 돌아오는 복권의 세계 / 복권과 당첨
- 230 자살 확률이 높을까, 피살 확률이 높을까 / 나날이 요긴해지는 확률적 접근

4. 묘미 가득한 수학 ······················ 234

237 눈보라를 헤치며 걷고 또 걸었으나 / 양 발의 걸음 폭, 똑같지 않다
241 아킬레스와 거북이 / 패러독스
247 지구 표면에서 겨우 2.5㎝ / 수학의 묘미
252 고대 이집트인의 수학 / 최초의 문제
258 컵 뒤집기 / 증명의 중요성
263 스무 고개면 못 맞힐 것이 없다 / 2분법적 사고
267 자동차의 판매 대수를 강하게 부각시켜라 / 그래프의 눈속임
273 여성이 수학에 약한 이유 / 여성과 수학
278 수학은 확실한 것만 추구한다 / 수학과 과학이 다른 점
283 수학의 노벨상 / 필즈상

교과서 밖에서 배우는 / **재미있는 수학상식**

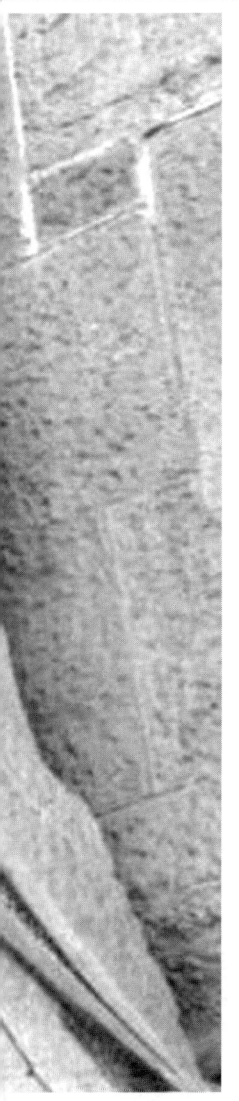

 수의 신비로움

부시먼의 오판 / 마음 속 숫자 알아맞히기
신비의 숫자 꾸러미 / 마방진
수는 만물의 척도 / 1, 2, 3, 4에 담긴 뜻
신대륙을 뒤덮은 양귀비 / 자연 속 수의 신비
무지막지한 수를 쉽게 다루는 법 / 거듭제곱의 편리함
대사원의 원판 옮기기 / 횟수 속에 숨은 규칙
하늘과 땅을 모래알로 채우면 / 극과 극의 수
쿠푸왕의 대피라미드 / 피라미드에 담긴 수의 의미
피타고라스의 대오류 / 무리수

Mr. 퐁의 제의

태양은 작열하는 햇살을 장대비처럼 따갑게 내리 쏟고 있었다. 부시먼은 버드나무 그늘 아래에 누워서 더위를 피하고 있었다.

"안녕하시오, 부시먼."

팔베개를 한 채 눈을 감고 있던 부시먼이 고개를 돌렸다. Mr. 퐁이었다.

Mr. 퐁이 부시먼 옆에 조용히 앉았다.

"웬일이시오?"

"당신이 요즘 경제적으로 무척 힘들게 지내고 있다는 소리를 들었습니다."

"당신이 그걸 어떻게?"

부시먼이 놀란 눈빛으로 Mr. 퐁을 응시했다.

"그래서 말입니다, 내가 한 가지 제안을 할까 하는데요."

Mr. 퐁이 담담히 말을 꺼냈다.

"……."

부시먼은 입을 꾸욱 다문 표정으로 Mr. 퐁의 다음 말을 기다렸다.

"숫자 알아맞히기 게임을 하지 않겠습니까?"

Mr. 퐁은 내기를 하자고 제안을 하는 것이었다.

부시먼은 Mr. 퐁의 속내를 간파하려고 이런저런 생각을 빠르게 해 보았다. 그러나 그 꿍꿍이 속을 알 수가 없었다. 그래서 그의 제안에 즉각 대답을 하지 못했다. 그의 다음 말을 좀더 들어볼 필요가 있을 듯 싶었다.

Mr. 퐁이 말을 이었다.

"당신이 마음 속으로 생각한 수를 내가 맞히지 못하면 주먹만한 황금덩어리를 드리겠습니다."

"정말이오!"

부시먼의 두 눈이 번쩍했다.

"하지만 조건이 있습니다."

Mr. 퐁은 거기까지 말을 해 놓고 부시먼의 눈을 바라보았다.

"조건이라면……?"

부시먼이 불안스럽게 Mr. 퐁의 입을 주시했다.

"당신이 생각하고 있는 수를 내가 알아맞히면 그만한 황금을 나에게 주어야 합니다."

Mr. 퐁은 그렇게 말을 끝내고 엄숙한 얼굴로 부시먼의 답을 기다렸다.

'이걸 어쩐다……'

부시먼은 고민에 빠졌다.

그러나 이내 결정했다.

'제까짓 게 신이 아닌 다음에야 어떻게 내가 마음 속으로 생각한 수를 알아맞힐 수 있겠어.'

경제적으로 곤란한 상황에 놓여 있는 부시먼, 기둥 뿌리는 애초에 무너진 상태였고, 어차피 이판사판이었다. 부시먼은 계약서에 서명했다.

"시합은 내일 이 자리에서 하기로 하죠."

Mr. 퐁이 제의했다.

"아니오. 지금 당장 합시다."

부시먼은 단호하게 말했다.

숫자 맞히기 시합

언제하든 이길 시합이라면 어차피 이길 터이고, 질 시합이라면 일주일 후에 하더라도 질 것이다. 하루 미룬다고 해서 뾰족한 방법이 떠오르는 것도 아니다.

"정히 그러고 싶으면 그렇게 하도록 하죠."

Mr. 퐁은 이래도 좋고 저래도 좋고, 아무래도 상관없다는 투였다.

"좋습니다."

부시먼이 고개를 끄덕였.

"그럼, 시작할까요?"

Mr. 퐁이 물었다.

"그럽시다."

부시먼이 입을 앙 다물었다.

"한 자리 수도 좋고 두 자리 수도 좋으니 당신이 마음에 그리고 싶은 수를 마음껏 생각하시오."

Mr. 퐁이 말했다.

부시먼이 잠시 눈을 감았다 떴다.

"생각했소."

부시먼이 대답했다.

"그 수에 2를 더하시오."

"더했소."

"그 수를 3배 하시오."

부시먼은 계산이 간단치 않다고 생각했다. 그래서 뒤로 돌아 손바닥에 손가락으로 계산을 했다.

"쉽지 않은 계산이었지만 끝냈소."

부시먼은 자랑스럽게 대답했다.

"그러면 5를 빼시오."

부시먼은 누워서 떡 먹기라는 듯 곧바로 고개를 끄덕였다.

"좋소. 그렇다면 당신이 처음에 생각한 수를 빼시오."

"뺐소."

"마지막 계산이오. 2배하고 1을 빼시오."

부시먼은 다시 한 번 뒤로 돌아서서 손가락으로 손바닥에다 한참을 계산했다.

"이번에도 어려운 계산이었소. 하지만 나는 완벽하게 처리했소."

부시먼이 환하게 웃으며 말했다.

"그 수가 무엇이오?"

"41이오."

부시먼이 자신 있게 대답했다.

"당신의 대답을 똑똑히 들었으니 이제는 내가 숫자를 알아맞힐 시간이 된 것 같소. 그 전에 다시 한 번 확인하고 싶은데 그 수가 정확히 41이 맞소?"

"그렇소."

"그렇다면 당신이 처음에 생각한 수를 알아맞혀 보겠소."

Mr. 퐁이 뒤로 돌아섰다. 그리고는 부시먼이 했던 것처럼 손가락으로 손바닥에 계산을 하며 웅얼거리는가 싶더니 이내 돌아서서 입을 열었다.

"당신이 생각한 수는 10입니다."

'10'이란 수를 듣는 순간, 부시먼은 너무도 놀란 나머지 벌어진 입을 닫을 수가 없었다. Mr. 퐁은 부시먼이 생각한 수를 정확히 알아맞힌 것이었다.

문제 속 비밀

마술과도 같은 일이다. 어떻게 다른 사람이 마음 속으로 생각한 수를 이처럼 손쉽게 알아맞힐 수가 있을까?

Mr. 퐁은 독심술을 익힌 것일까?

아니다. 그렇지 않다. Mr. 퐁은 독심술도 익히지 않았고, 그렇다고 대단한 마술사도 아니다. 그는 그저 평범한 계산에 의해서 부시먼이 생각한 마음 속 숫자를 알아맞혔을 뿐이다.

그러면 Mr. 퐁이 어떻게 해서 숫자를 알아맞혔는지를 알아보도록 하자.

부시먼이 처음에 생각한 수를 x라고 하자. 그러면 그 후에 Mr. 퐁이 부시먼에게 요구한, 덧셈과 뺄셈 그리고 곱셈은 다음과 같은 과정을 따르게 된다.

부시맨이 처음에 생각한 수	x
2를 더하시오	$x+2$
3배 하시오	$3(x+2) = 3x+6$
5를 빼시오	$3x+6-5 = 3x+1$
처음 생각한 수를 빼시오	$3x+1-x = 2x+1$
2배 하시오	$2(2x+1) = 4x+2$
1을 빼시오	$4x+2-1 = 4x+1$

결과는 $4x+1$.

즉, 부시먼이 어떠한 수를 마음 속에 그리든, 답은 반드시 처음에 생각한 수를 4배하고 1을 뺀 값이 되는 것이다.

그런 사실을 익히 알고 있던 Mr. 퐁은 $4x+1$을 똑똑히 기억하고 있다가, 부시먼이 마지막까지 계산을 무사히 마치고 얻은 수를 거꾸로 대입해서 처음의 수를 밝혀낸 것이다. 다시 말해서, Mr. 퐁은 다음과 같은 간단한 과정을 통해서 부시먼이 처음에 마음 속에 그린 수를 여유있게 알아낸 것이다.

부시먼이 마지막에 대답한 수는 41이었다. 그러므로 41은 $4x+1$과 똑같아야 한다. 이렇게 말이다.

$4x + 1 = 41$

따라서 이 방정식을 계산하면,

$4x + 1 = 41$
$4x = 41 - 1$
$4x = 40$
$x = \frac{40}{4} = 10$

바로 이와 같은 간단한 계산을 통해서 Mr. 퐁은 부시먼이 처음에 생각한 수 10을 거뜬히 알아맞힌 것이다.

숫자 알아맞히기 게임이 겉보기에는 마술과도 같아 보이지만, 그 내면에는 이처럼 의외로 쉽고 간단한 비밀이 숨어 있다.

처음 생각한 수와 마지막 답한 수가 같게 하려면

그러면, 마지막 질문 끝에 나오는 최후의 숫자와 처음에 생각한 수가 똑같게 하려면 어떤 식으로 물으면 될까?

그러니까 Mr. 퐁의 연이은 질문을 받고 부시먼이 최종적으로 대답한 수가 처음 생각한 수인 10과 같아지게 하려면, 어떤 식으로 더하고 빼고 곱하라고 질문을 던지면 되겠느냔 말이다.

이 방법을 알면, 굳이 역으로 계산을 하여 부시먼이 처음에 생각한 수를 알아내는 과정을 거치지 않아도 곧바로 그 수를 알 수가 있다. 왜냐하면 부시먼이 답한 수가 바로 그가 처음에 생각한 수이기 때문이다.

다음과 같이 ㄱ~ㅁ의 과정으로 질문을 던지면, 처음에 생각한 수와 마지막으로 대답한 수가 같아진다.

> ㄱ. 처음에 생각한 수에 4를 더하시오.
> ㄴ. 2배 하시오.
> ㄷ. 6을 빼시오.
> ㄹ. 처음에 생각한 수를 빼시오.
> ㅁ. 2를 빼시오.

이 과정을 식으로 꾸미면 이렇게 된다.

처음에 생각한 수	x
4를 더하시오	$x+4$
2배 하시오	$2(x+4) = 2x+8$
6를 빼시오	$2x+8-6 = 2x+2$
처음에 생각한 수를 빼시오	$2x+2-x = x+2$
2를 빼시오	$x+2-2 = x$

여기에서 제시한 방법은 처음에 생각한 수와 마지막으로 대답한 수가 같아지는 하나의 예일 뿐이다. 더하고 빼고 곱하는 수와 횟수를 다양하게 변화시키면 그 방법은 무수히 다양해질 수가 있다. 여러분 나름대로 그 방법을 한 번 만들어보고 친구나 형제, 가족에게 사용해 보길 바란다.

신비의 숫자 꾸러미

마방진

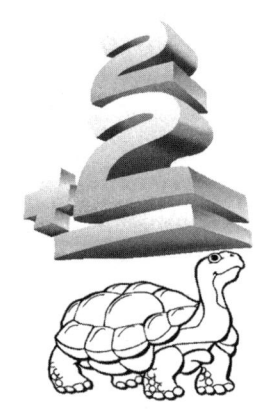

이상한 거북

중국 하나라 우왕 시대의 일이었다.

중국의 북부를 동서로 가로지르는 길이 5,464km의 황하강이 범람하여 그 지류 곳곳이 온통 물바다가 되었다.

"군관민은 온 힘을 합쳐서 이번의 홍수 피해를 최소한으로 줄이도록 하라."

우왕이 홍수 피해 지역에 직접 나와서 독려하며 관개 작업을 지시했다.

왕의 그러한 격려에 힘입어서 홍수 피해 복구 작업은 급속도로 진전되었고, 물난리 피해가 얼추 끝나 간다 싶을 무렵이었다. 신

중국 황하강

하가 급히 달려와서 우왕에게 조아렸다.

"전하, 강 한복판에 이상한 거북이 한 마리가 나타났사옵니다."

"불길한 징조 같은가?"

우왕이 조심스레 물었다.

"등에 신비한 무늬가 새겨져 있는 걸로 봐서 흉조는 아닌 듯하옵니다. 소신의 생각으로는 하늘이 저희에게 무엇인가를 계시하는 것이 아닌가 싶사옵니다."

신하가 정중히 아뢰었다.

"그 거북을 빨리 대령토록 하라."

우왕은 지엄히 명했다.

무늬는 수의 합

거북이를 왕 앞에 대령하였다.

신하의 말대로 거북의 등에는 언뜻 파악하기 힘든 이상한 무늬가 새겨져 있었다.

우왕은 이렇게도 살펴보고 저렇게도 살펴보았다.

"요상하구나?"

그러나 딱히 그럴 듯한 생각이 떠오르지 않았다.

"대체 이것을 어떻게 해석해야 한단 말이냐?"

우왕은 열 지어 허리를 굽히고 서 있는 신하들에게 물어보았다.

그러나 그럴 듯한 답을 내는 신하는 없었다. 우왕은 그 문제를 풀려는 기약없는 고민에 빠져야 했다.

그러던 어느 날이었다.

한 신하가 이렇게 아뢰는 것이었다.

"전하, 거북의 등에 새겨진 무늬는 숫자를 나타내는 것 같사옵니다."

"숫자라……?"

왕이 뇌까리듯이 되뇌었다.

"그러니까 가로 세로 3개씩 총 9개의 숫자가 적혀 있는 것이라 생각되옵니다."

신하는 그렇게 말을 한 후 준비해 온 종이를 왕 앞에 펼쳤다. 그리고는 거북의 등에 표시된 숫자를 순서대로 적어 내려갔다.

"그렇게 적어 놓고 보니까 숫자가 틀림없는 듯싶구나."

거북의 등에 새겨진 무늬

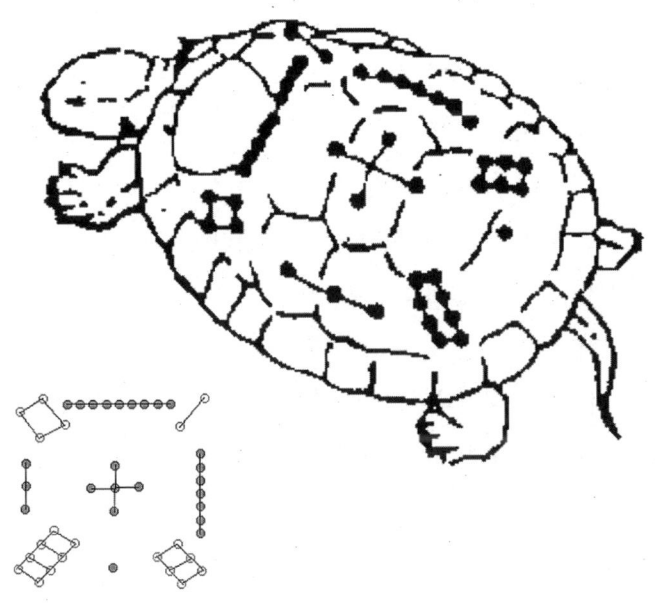

왕이 고개를 가볍게 끄덕였다.

"그뿐만이 아닌 듯싶사옵니다."

신하가 말했다.

"내 생각으로도 그냥 무의미하게 숫자를 거북의 등에다 적어 놓았을 리는 없는 듯싶구나."

왕이 종이에 적힌 숫자를 꼼꼼히 들여다보며 홀리듯 말을 이었다.

"이 숫자들 속에 무슨 법칙이나 규칙이 담겨 있을 듯도 싶은데……."

"잘 보셨사옵니다, 우왕 폐하."

신하가 고개를 넙죽 꺾으며 대답했다.

"그대의 그 말은 법칙이나 규칙을 발견했다는 뜻이렷다."

왕이 고개를 쑤욱 빼며 물었다.

"그렇사옵니다."

"그래, 그것이 무엇이더냐?"

왕은 호기심이 가득 찬 얼굴로 신하를 내려다보며 물었다.

"숫자들의 합이 같았사옵니다."

"합이 같았다……."

왕이 바닥으로 내려와서 종이에 적힌 숫자를 자세히 살폈다.

"그래, 어떻게 같다는 것이냐?"

"맨 위 행의 세 숫자를 더해 보십시오, 폐하."

"셋을 더하라, 음…… 열다섯이구나."

"맞사옵니다."

신하가 말을 이었다.

"다음 행의 세 숫자도 더해 보십시오, 폐하."

"아하, 이 또한 열다섯으로 똑같구나."

"그렇사옵니다, 폐하."

"그렇다면 이 마지막 행의 세 숫자를 더해도 열다섯이 되겠구나."

왕이 맨 아래 항의 세 숫자를 가리키며 말했다.

"그렇사옵니다, 폐하. 우왕 폐하의 영명하심은 역시 대단하시옵니다."

신하가 말을 계속했다.

"놀라운 것은 그뿐이 아니옵니다."

"또 있느냐?"

"네."

"그래, 그게 무엇이냐?"

왕이 다소 들뜬 음성으로 물었다.

"세로 쪽으로 숫자를 더해도 숫자의 합이 다르지 않다는 사실이옵니다."

"오호!"

왕은 세로 방향의 첫번째, 두 번째, 세 번째 열의 숫자들도 차례대로 하나하나씩 더해 보았다. 신하의 말대로 이 역시 열다섯으로 다르지 않았다.

더구나 대각선 방향의 세 숫자를 더해도 열다섯으로 앞의 경우와 똑같이 일치하는 것이었다. 다음과 같이 말이다.

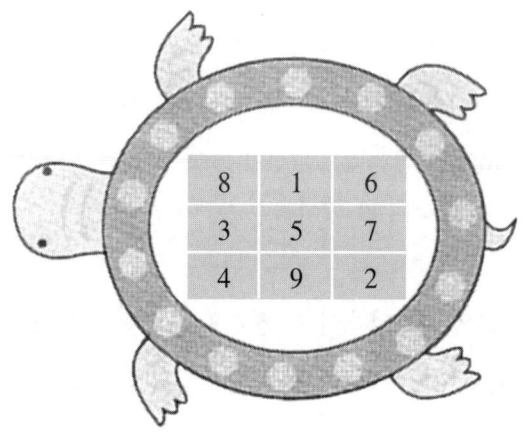

마방진 만드는 법

중국인은 이와 같은 신비의 숫자 꾸러미를 '방진'이라고 불렀다.

중국의 방진은 유럽으로 전해졌고, 유럽인들은 그것의 신기함에 매료되어, 마법의 방진이란 뜻으로 마방진(magic square, 마법의 사각형)이라 불렀다.

중국의 방진 〈지수귀문도〉　　　　　유럽의 마방진

마방진은 앞의 경우처럼, 가로 세로 각각 3개씩의 숫자가 담긴 꾸러미만 있는 것은 아니다. 가로 세로 4개(4×4), 가로 세로 5개(5×5), 가로 세로 6개(6×6)…씩 모인 방진이 모두 가능하다. 다만 가로와 세로에 놓이는 숫자의 개수가 많아질수록 마방진을 만들기는 어려워진다.

마방진은 가로와 세로의 개수가 홀수(3×3, 5×5, 7×7…)이냐, 짝수(2×2, 4×4, 6×6…)이냐에 따라서 홀수 마방진과 짝수 마방진으로 나눈다.

가로와 세로에 놓인 수의 개수가 3개씩인 3×3 마방진을 예로 들어서 설명하면, 홀수 마방진은 다음과 같은 방식으로 만든다.

그림(가)처럼, 빈칸이 9개인 정사각형을 그린다.
그림(나)처럼, 네 변의 가운데 사각형에 달라붙는, 또 다른 사각형을 하나씩 그려서 덧붙인다.
그림 (다)처럼, 위에서 아래로 비스듬하게 1, 2, 3⋯9의 숫자를 차례로 적어 내려간다.
그림 (라)처럼, 변의 가운데에 덧붙여 그려 놓은 사각형 속의 숫자를, 마주 보는 반대편의 빈 공간, 즉 1은 9의 위쪽, 9는 1의 아래쪽, 7은 3의 왼쪽, 3은 7의 오른쪽에 써 넣으면 된다.

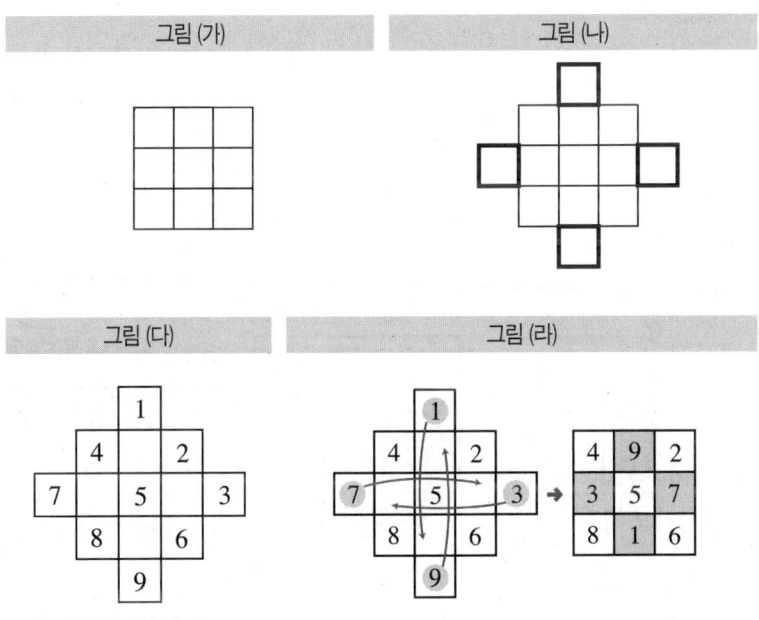

5×5, 7×7, 9×9 형의 다른 홀수 마방진도 이런 식으로 만들면 신비의 숫자 꾸러미를 만들 수가 있다.

이어서 가로 세로 4개씩인 4×4 마방진을 예로 들어서 짝수 마방진을 설명하면 다음과 같다.

그림 (마)처럼, 빈칸이 16개인 정사각형을 그린다.
그림 (바)처럼, 위에서 아래로 비스듬하게 1부터 16까지의 수를 사각형에 차례로 적어 넣는다.
그림 (사)처럼, 숫자를 채운 정사각형에 대각선을 긋는다.

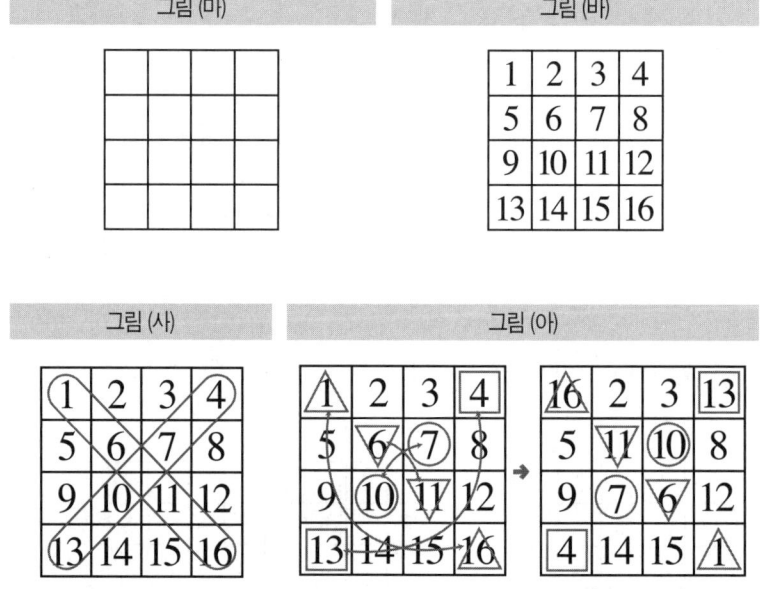

그림 (아)처럼, 대각선 상의 숫자를 마주보는 칸의 맞은 편으로 서로 보내 교환하면 된다.

다른 모양의 짝수 마방진도 이런 식으로 만들면 거뜬히 완성할 수가 있다.

8	1	6
3	5	7
4	9	2

16	2	3	13
5	11	10	8
9	7	6	12
4	14	15	1

17	24	1	8	15
23	5	7	14	16
4	6	13	20	22
10	12	19	21	3
11	18	25	2	9

32	29	4	1	24	21
30	31	2	3	22	23
12	9	17	20	28	25
10	11	18	19	26	27
13	16	33	5	8
14	15	34	35	6	7

30	39	48	1	10	19	28
38	47	7	9	18	27	29
46	6	8	17	26	35	37
5	14	16	25	34	36	45
13	15	24	33	42	44	4
21	23	32	41	43	3	12
22	31	40	49	2	11	20

64	2	3	61	60	6	7	57
9	55	54	12	13	51	50	16
17	47	46	20	21	43	42	24
40	26	27	37	36	30	31	33
32	34	35	29	28	38	39	25
41	23	22	44	45	19	18	48
49	15	14	52	53	11	10	56
8	58	59	5	4	62	63	1

여러 종류의 마방진

1. 수의 신비로움

수는 만물의 척도
1, 2, 3, 4에 담긴 뜻

피타고라스가 생각한 수의 의미

고대 그리스의 대학자 피타고라스(Pythagoras, BC 582?~BC 497?)는 수를 무척이나 존중했다. 그의 다음 말은 그가 수를 얼마나 신성시했는가를 극명히 보여주고 남음이 있다.

"수는 만물의 근원이며 척도이다."

피타고라스가 말한 수는 복잡한 수도, 그렇다고 무지막지하게 큰 수도 아닌 그저 평범하기 이를 데 없는 자연수 중에서도 앞쪽의 수들이다.

피타고라스는 자연수 1, 2, 3, 4에 대해

피타고라스

서 다양한 의미를 부여했다. 다음과 같이 말이다.

1은 착함을 대표한다. 이를테면 행복, 질서, 친절, 광명 등과 같이 인간에게 고귀한 기쁨을 안겨주는 것을 상징하는 수이다. 그에 비해 2는 불행, 혼란, 불친절, 어둠 등을 뜻하는 악을 의미하는 수이다.

피타고라스는 1이 신성한 숫자이기 때문에 2는 그에 대응하는 악마의 수가 되어야 한다고 생각한 것이었다.

그래서 서양에서는 1이 두 번 겹치는 새해 첫날(1월 1일)은 더없이 좋은 날로 생각하는 반면에, 2가 2번 겹치는 2월 2일은 정반대의 의미로 몹시 불길한 날로 여긴다. 사실, 서양인들은 2월 2일은 악마 플루토(만화 영화 뽀빠이에서 뽀빠이와 그의 여자 친구 올리브를 늘상 괴롭히는 뚱뚱보의 이름이 플루토라는 것을 상기하라)가 활개치는 날로 믿고 있다.

3은 흠이 하나도 없는 완전무결한 수이다. 1과 2를 합한 수가 3(1+2=3)이기에, 세상에 존재하는 온갖 선과 악을 한꺼번에 통합하는 수가 3이라고 간주하는 것이다. 한 달을 상순-중순-하순으로 구분하는 것, 자연계를 동물-식물-광물로 분할하는 것, 인간을 마음-영혼-육체로 나누는 것, 성적이나 품질과 등급을 상-중-하로 표시하는 것이 모두 거기에서 연유한 것이다.

피타고라스 시대에는 세상이 셋으로 나누어져 있다고 보았다. 그래서 하늘에는 주피터(머리에서 3개의 광선을 발사한다), 바다에는 넵튠(3개의 날이 달린 창을 들고 있다), 지옥에는 플루토(3개의 머리를 가진 개를 데리고 다닌다)가 각각 지배하고 있다고 믿었다.

주피터

넵튠

플루토

서양인에게 4는 매우 성스러운 수다. 국내에서는 4를 재앙이 깃든 몹시 불길한 수로 간주하지만 서양에서는 4를 고귀한 수로 보는 것이다. 피타고라스는 1, 2, 3에 4를 더한 값이 $10(1+2+3+4=10)$을 완벽하게 이룬다고 해서 4를 그토록 신성시했다.

또한 4는 고대 그리스의 자연 철학자들이 굳게 믿어 의심치 않은 4원소설과도 깊은 연관을 맺는다. 그들은 '물, 불, 흙 그리고 공기'가 어우러져서 거대한 우주의 모든 만물을 생성하고 유지한다는 4원소설을 강력히 주장했는데, 그러함이 4를 존귀한 수로 간주하는 데 적잖은 영향을 주었다.

수와 도형의 연관

피타고라스는 또한 수를 도형과도 연관시켰다. 이렇게 말이다.

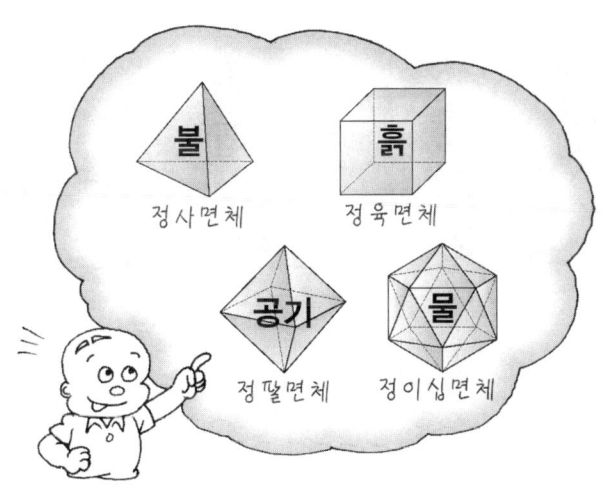

점은 하나의 점으로 구성돼 있다. 그래서 점은 1로 보았다.

직선은 두 점을 찍어서 쭉 연결하면 만들어진다. 그래서 직선은 2로 여겼다.

평면은 세 점을 이으면 형성된다. 그래서 평면은 3으로 간주했다.

그리고 사면체는 네 점으로 이루어진다. 그래서 사면체(가장 기본적이고 단순한 입체)는 4로 해석했다.

이 외에도, 소크라테스의 제자이며 아리스토텔레스의 스승인 플라톤은 4원소설을 지탱하는 원소들과 4개의 다면체를 이렇게 대응시켰다.

그러면서 정십이면체가 이들을 모두 포함한다고 믿었다. 즉, 정십이면체가 우주 전체를 포괄한다고 생각한 것이다.

> 정사면체는 불
> 정육면체는 흙
> 정팔면체는 공기
> 정이십면체는 물

소크라테스

아리스토텔레스

플라톤

신대륙을 뒤덮은 양귀비

자연 속 수의 신비

무신론자들의 선택

암흑의 한 세기가 역사 속으로 서서히 저물고, 또 한 세기가 인류 앞에 새로이 도래할 무렵이었다. 한 지역에 극심한 종교 갈등이 일었다.

"신은 있다!"

대다수의 주민들은 그렇게 신이 존재한다고 믿는 유신론자들이었다.

반면, '신은 절대로 존재하지 않는다'라고 주장하는 무신론자들은 신죽기 부부를 비롯하여 마을 주민의 몇 퍼센트에 불과했다.

"신이 없다구! 그럼 당신네들이 어떻게 해서 이 땅에 버젓이 태어날 수 있었다고 생각하냐?"

"이 곳은 신이 우리에게 특별히 내린 은총의 땅이니 무신론자인 너희들은 썩 물러가라!"

수적으로 열세인 무신론자들은 유신론자들로부터 그런 온갖 설움을 받으면서 하루하루를 보내었다. 하지만 그렇게 버티어 나가는 생활도 어디 하루 이틀이어야지, 참다 못한 무신론자들이 급기야 대책 회의를 갖기에 이르렀다.

"우리는 일년 삼백예순다섯 날을 하루도 거르지 않고 유신론자들로부터 갖은 핍박을 받으며 살고 있습니다."

신죽기가 말을 이었다.

"종교의 자유가 보장되지 않는 이런 곳에서 저는 더 이상 소신을 지키며 살 자신이 없습니다."

"동감입니다."

신죽기 부인이 맞장구를 쳤다.

"그래서 저희 부부는 이곳을 떠나기로 결정을 보았습니다. 여러분들의 뜻은 어떠신가요?"

신죽기가 심각한 표정으로 강당에 모인 무신론자들의 의사를 물었다.

"좋소, 그렇게 하겠소!"

"여길 떠난다고 굶어 죽기야 하겠소. 그래, 여길 뜹시다."

"까짓 것 그럽시다. 어디 간다고 이보다 더 고통을 받으며 살까."

무신론자들은 수십 년 동안 받아 온 박해에 더는 견디지 못하고 그렇게 그곳을 훌쩍 떠나기로 결정을 한 것이다.

양귀비를 심다

그들이 태평양을 횡단하여 수십 일 간의 항해 끝에 도착한 땅은 광활한 대지가 무한히 펼쳐진 그야말로 꿈과 낭만의 신대륙이었다.

"이제 이곳에서 우리의 이상을 한껏 펼쳐 보도록 합시다."

통솔자인 신죽기가 무사히 바다를 건너 온 무신론자들 앞에서 가슴 벅찬 목소리로 말을 꺼냈다. 그리고 나서 그는 다음과 같은 제안을 했다.

"대지가 너무 넓군요. 삭막할 정도입니다. 그래서 꽃을 심는 게 어떨까 싶은데, 여러분들의 생각은 어떠십니까?"

"좋은 말씀입니다."

"꽃은 갖은 고초에 시달리다가 참다 못해서 이곳으로 쫓겨 온 우리 무신론자들의 마음을 한층 밝고 편안하게 해주는 넉넉한 위안의 친구가 되어 줄 것입니다."

그렇게 해서 무신론자들은 신대륙의 드넓은 땅에 꽃을 심기로 만장일치의 결정을 보았다.

"그러면, 어떤 종류의 꽃이 좋을까요?"

신죽기가 물었다.

"하루 빨리 성큼성큼 자라서 우리의 친근한 벗이 되어 줄 수 있는 그린 꽃이면 좋을 듯합니다."

그랬다. 그들에게는 광활한 맨땅을 하루 빨리 희망의 꽃이 만발한 세상으로 변모시켜 줄 그런 꽃이 절실했던 것이다.

"그런 꽃이라면……?"

신죽기가 생각에 잠겼다.

"저에게 양귀비 꽃씨가 있습니다."

가운데쯤에서 누군가가 손을 번쩍 치켜 들며 일어섰다.

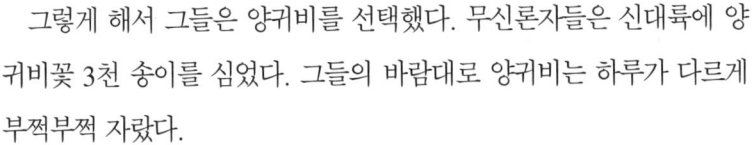
양귀비

"그거 정말 안성맞춤이겠군요. 양귀비는 그 어느 꽃보다도 번식력이 우수한 종자니까요."

신죽기가 확정짓듯 말했다.

그렇게 해서 그들은 양귀비를 선택했다. 무신론자들은 신대륙에 양귀비꽃 3천 송이를 심었다. 그들의 바람대로 양귀비는 하루가 다르게 부쩍부쩍 자랐다.

"양귀비는 우리가 뜻하던 바대로, 우리의 꿈과 희망과 이상을 한꺼번에 대변해 주고 있습니다."

그들은 빠르게 자라는 양귀비꽃을 보면서 내심 기뻐했다.

양귀비로 범람한 섬

그렇게 심은 양귀비가 어느덧 보란 듯이 성장하여 꽃 한 송이에서 또다시 평균 3천 개 가량의 씨앗을 사방으로 방출했다.

"탁, 탁, 탁……."

그러나 그 넓디넓은 광활한 대지에 비해서 양귀비가 차지하고 있는 면적은 아직까지는 미미한 수준일 뿐이었다.

그리고 이듬해 다시 여름이 찾아왔다. 작년 이맘 때쯤에 양귀비꽃 한 송이당 퍼뜨린 3천의 씨앗이 각기 자라서 다시 싹이 났고, 씨앗을 퍼뜨렸다.

 그리고 다음해에도 그렇게 싹을 피운 양귀비꽃은 또다시 양귀비 한 송이당 평균 3천 개의 씨앗을 터뜨려 세상으로 내보냈다.

 그 다음해에도 또 그 이듬해에도 그런 과정은 계속 이어졌고, 그렇게 해서 무신론자들이 신대륙에 발을 디딘 지 어언 5년이란 세월이 훌쩍 흘러갔다.

 이제 무신론자들의 바람대로 신대륙은 양귀비꽃이 만발한 세상으로 변했다. 하지만 무신론자들의 얼굴은 기쁨으로 충만할 수가 없었다. 왜냐하면 그들이 이 땅에 맨 처음 발을 디디면서 상상했던 예측과는 거리가 멀게, 5년이란 그리 길지 않은 시간 동안임에도 불구하고 양귀비꽃이 기하급수적으로 늘어나 버린 탓에 신대륙은 발 디딜 틈조차 없어져 버렸기 때문이다. 즉, 신대륙은 5년 만에 양귀비꽃으로 바글거리는 세상으로 돌변해 버린 것이었다. 그러다 보니 무신론자들은 북적거리는 양귀비떼에 떠밀려 신대륙을 떠나지 않을 수 없었다.

양귀비의 증가율

'5년 사이에 양귀비꽃이 광활한 신대륙을 삼켜 버렸다. 그래서 무신론자들이 신대륙을 버리고 떠나야 했다.'

얼른 납득이 가지 않는 상황이다. 하지만 거짓이나 과장은 아니다.

그러면, 어떻게 해서 이런 비극적인 결말이 나오게 됐는지 그 이유를 알아보자.

양귀비는 성장 속도가 매우 빠른 식물이다. 그러한 양귀비의 씨앗 주머니에는 평균 3천 개에 이르는 씨앗이 담겨 있는데, 그 하나하나가 모두 어엿하게 자라서 양귀비로 성장한다.

그렇다면 그 씨앗들 모두가 하나도 빠짐없이 제대로 성장하여서 완전한 개체로 자라게 되면, 해마다 그 수는 어떤 비율로 증가하게 될까?

양귀비꽃은 처음에 3천 송이로 시작하였다. 그러므로 2, 3, 4, 5년째 양귀비꽃 씨앗이 사방에 퍼져서 성장하게 되는 양귀비의 수는 다음처럼 급속히 불어나게 된다.

2년째 : $3,000 \times 3,000 = 9,000,000$

3년째 : $9,000,000 \times 3,000 = 27,000,000,000$

4년째 : $27,000,000,000 \times 3,000 = 81,000,000,000,000$

5년째 : $81,000,000,000,000 \times 3,000 = 243,000,000,000,000,000$

5년째에 신대륙을 채운 양귀비의 수 243,000,000,000,000,000은 지구의 총 면적을 초과하는 무지막지한 수다.

지구의 대륙과 섬의 총 넓이는 대략 135,000,000,000,000m²이다. 결코 좁지 않은 면적이다. 하지만 그럼에도 불구하고 그 드넓은 땅덩이에 243,000,000,000,000,000만큼의 양귀비꽃을 전부 채워 넣으려면 양귀비꽃이 가로 세로 1m인 면적(1m²)에 1800송이씩은 피어나도록 해야 한다. 왜냐하면 243,000,000,000,000,000을 135,000,000,000,000으로 나누면 1800송이 가량 되기 때문이다.

가로 세로 1m인 땅에 1800송이의 꽃을 심는다는 건 정상적인 방법으로는 도저히 가능하지 않은 일이다. 설령, 꾸역꾸역 쑤셔넣어서 빠듯하게 양귀비를 채웠다고 하자. 사람이 집을 짓고 살 수 있는 공간은 어디에다 마련한단 말인가.

지구의 총 땅덩어리를 생각했을 때가 이 정도인데, 신죽기를 위시한 무신론자들이 도착한 섬을 고려한다면 양귀비꽃의 밀집도는 상상을 초월할 정도로 증가할 것이다. 그러니 무신론자들이 섬을 버리고 이주할 다른 곳을 찾아서 떠난 것은 당연한 일이다.

한 걸음 더 나아가서 6년째가 되면 양귀비의 숫자는 어떻게 변할까?

가로 세로 각각 1m인 땅덩이에 무려 5,400,000(1800×3000)송이의 양귀비가 움트고 지내야 한다.

한 평 남짓한 비좁은 면적에 양귀비 5,400,000송이를 집어넣느니 차라리 바늘 위에 신죽기 부부를 비롯한 무신론자들이 올라서 지내는 편이 나을 것이다.

우리를 둘러싸고 있는 자연은 이렇듯 신비로워서 하찮아 보이는 양귀비꽃 하나에도 이처럼 놀랄 만한 수의 신비가 깃들어 있다.

무지막지한 수를 쉽게 다루는 법
거듭제곱의 편리함

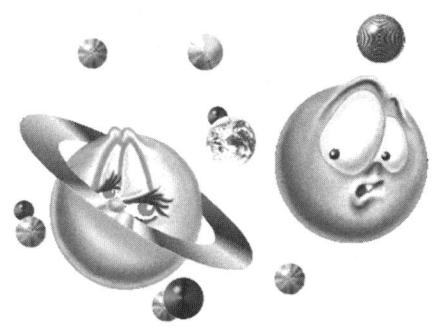

천문학적인 수

얼마 전 미 항공우주국(NASA)은 놀라운 발표를 했다.
"화성에 생명체가 살고 있는 흔적을 발견했다."
그렇다. 화성에 생명체가 살고 있으리라는 생각은 이미 예전부터 가능성 높게 지적돼 온 추론이었다. 다음과 같은 구체적인 사실들을 덧붙여 제시하면서 말이다.
"화성에 알루미늄으로 된 인공 물체가 있다."
"폭이 넓은 고속도로가 있다."
"대규모 운하가 있다."
이런 갖가지 설에 힘입어서 화성과 화성인을 소재로 한 소설과 영화가 폭넓고 다양하게 쓰여졌고 제작되었다.

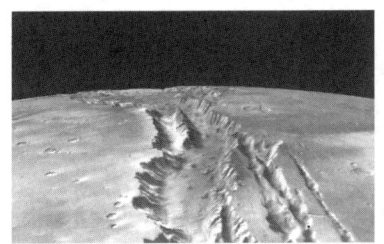 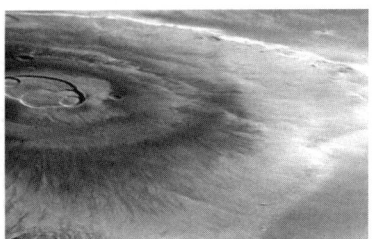

화성 표면의 여러가지 흔적

화성을 소재로 한 영화의 포스터

    그러나 아직까지 우리는 화성에 생명체가 있는지 없는지의 여부를 명확히 확인하지 못하고 있다. 화성이 너무도 멀리 떨어져 있는 까닭이다.

    그렇다. 태양계의 가족 가운데 지구 바로 다음에 위치해 있는 행성이건만, 현재의 과학기술로 화성까지 날아가는 데만도 수 개월 이상의 적지 않은 시간이 소요된다. 초속 수 km로 날아가는 우주선을 타고서도 말이다.

    지구 바로 너머에 위치해 있는 행성까지가 이 정도이니, 태양계 밖 미지의 곳에서 환히 불 밝히고 있는 외부의 별과 은하까지는 얼마나 될지 지구적 거리 개념으로는 도무지 상상조차 여의치 않은 게 현실이다.

그래서 천문학에서는 0의 꼬리를 무수히 달고 있는 엄청난 숫자, 흔히 천문학적 숫자라고 부르는 수를 빈번하게 사용한다.

그런데 천문학적인 수는 뒤에 줄줄이 따라붙는 엄청난 0의 개수 때문에 보통의 숫자 표기법으로는 이용이 여간 번거롭지 않다. 예를 들어, 지구에서 안드로메다 은하까지의 거리를 km 단위로 표현하면 대략 다음과 같다.

지구에서 안드로메다 은하까지의 거리 : 200,000,000,000,000,000km

안드로메다 은하

이 막막한 거리를 cm로 환산해서 다시 쓰면, 여기에다 0을 다섯 개나 더 이어 붙여야 한다. 이렇게 말이다.

지구에서 안드로메다 은하까지의 거리 : 20,000,000,000,000,000,000,000cm

이러한 불편함은 별의 질량을 다룰 때에도 다르지 않다. 물론 질량을 g으로 나타냈을 때에는 더더욱 그러하다.

일 예로, 태양의 질량을 kg으로 표현하면 대략 이렇게 된다.

태양의 질량 : 2,000,000,000,000,000,000,000,000,000,000kg

이것을 다시 g으로 바꾸려면 꼬리에 0을 3개나 더 이어 붙여야 한다. 다음과 같이 말이다.

태양의 질량 : 2,000,000,000,000,000,000,000,000,000,000,000g

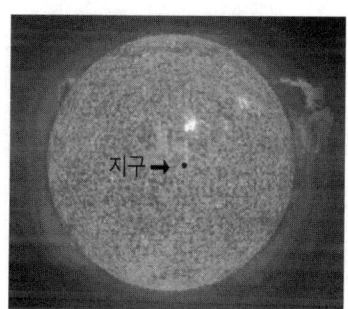

태양과 지구의 비교

와우! 대체 0이 몇 개나 붙어 있는지 웬만큼 꼼꼼히 세지 않고서는 헷갈릴 정도다. 0이 3개면 천, 6개면 백만, 9개면 십억, 12개면 조, 15개면 천조, 18개면…, 그리고 그 다음 수는……?

그렇다. 0을 줄줄이 달아 이어 매듯이 표시한 숫자들은 얼핏 보아서는 읽기조차 어렵다.

이처럼 읽기도 버거운데, 이러한 수들을 이용해서 계산을 하려고 한다면, 참으로 귀찮고 혼란스러운 일이 아닐 수 없을 터이다. 수십 개의 0을 이어 붙이다가 한두 개쯤 빠뜨리는 일은 다반사로 일어날 것이며, 한참을 고생해서 얻은 결과가 까딱 실수를 하여 0을 한두 개쯤 빠뜨려서 계산 전체가 도로아미타불이 되어 버리는 경우도 적잖이 벌어질 것이다. 그러니 이 얼마나 짜증스럽고 속상한 일이겠는가.

이러한 난국을 깔끔하고 산뜻하게 해결해 줄 수 있는 방법은 없는 것일까?

거듭제곱

물론, 그 방법은 있다. 그것이 무엇이냐 하면, 수를 제곱 형태로 표시하는 것이다.

그렇다. 수의 제곱 표시법, 수를 거듭하여 제곱한다는 의미로 거듭제곱이라고 부르는 이 방법은 그러한 혼란스러움과 번거로움과 속상함으로부터 탈출을 용이하게 해준다.

수의 제곱 표시법은 0의 개수를 10의 오른쪽 상단에 작은 글씨로 대체하여 적는 표기법이다. 이렇게 말이다.

$100 = 10^2$
$1,000 = 10^3$
$10,000 = 10^4$
......

앞의 예에서처럼 100은 0이 2개이므로 10^2, 10,000은 4개이므로 10^4, 1,000,000은 6개이므로 10^6…하는 식으로 써 나가는 것이 수의 제곱 표시법, 즉 거듭제곱인 것이다.

이런 식으로 수를 나타내면 그 어떤 기다란 숫자도 다음과 같이 아주 간단하게 표현할 수가 있다.

> cm로 표시한 지구에서 안드로메다까지의 거리 :
> $20,000,000,000,000,000,000,000 = 2 \times 10^{22}$
>
> g으로 표시한 태양의 질량 :
> $2,000,000,000,000,000,000,000,000,000,000,000 = 2 \times 10^{33}$

〈10^{22}과 10^{33}〉

이 얼마나 간단한 표현 방법인가.

이처럼 10의 오른쪽 위에 숫자를 작게 적어서 표기하는 방식을 '10의 거듭제곱'이라고 한다.

거듭제곱의 실제 응용

10의 거듭제곱을 이용하면 입이 딱 벌어질 만큼 긴 숫자의 계산도 너무 즐겁고 간편해진다.

예를 들어 보자.

mm로 표시한 지구에서 안드로메다까지의 거리와 mg으로 표시한 태양의 질량을 곱하고 나누어라. 그 둘의 구체적인 거리와 질량은 다음과 같다.

mm로 표시한 지구에서 안드로메다까지의 거리 :
$$200,000,000,000,000,000,000,000 = 2 \times 10^{23}$$
mg으로 표시한 태양의 질량 :
$$2,000,000,000,000,000,000,000,000,000,000,000 = 2 \times 10^{36}$$

이런 문제를 우리가 시급히 해결해야 한다고 하자. 그러면 어떻게 해야겠는가. 0을 23개와 36개나 붙인 숫자를 기다랗게 무작정 종이에다 적어 놓고 곱하고 나누어야 할까?

아니다. 그래서는 안 될 것이다. 그런 번거로운 수고를 덜기 위해서 10의 거듭제곱이 필요한 것이다.

우선, 곱하기는 이렇게 하면 된다.

0 앞의 두 수를 곱한다. (2×2)
0의 개수를 더해 10의 오른쪽 상단에 표시한다. ($10^{23+36} = 10^{59}$)
이렇게 해서 4×10^{59}라는 답이 나왔다.

또한 그 둘을 나누고자 하면 이렇게 하면 된다.
0 앞의 두 수를 나눈다.($\frac{2}{2}$)
0의 개수를 빼서 10의 오른쪽 상단에 써 넣는다.($10^{23-36} = 10^{-13}$)
이렇게 해서 1×10^{-13}라는 답이 나왔다.

23개의 0과 36개의 0을 연달아 써서 곱하고 나누는 방법에 비해 이 얼마나 간단하고 깔끔한 계산인가 말이다.

그렇다면 거듭제곱의 유용성을 다시 한 번 느껴 본다는 차원에서, 앞의 순서대로 다음의 숫자들을 이용하는 계산에 도전해 보라.

> kg으로 표시한 우리 은하와 달의 질량은 다음과 같다.
> 우리 은하의 질량 : 2×10^{41}kg
> 달의 질량 : 7×10^{22}kg
> 우리 은하와 달의 질량을 곱하고 나누어라.

답은 다음과 같다.

우리 은하의 질량 × 달의 질량 $= (2 \times 10^{41}) \times (7 \times 10^{22})$

$= (2 \times 7) \times (10^{41+22}) = 14 \times 10^{63}$

$\dfrac{\text{우리 은하의 질량}}{\text{달의 질량}} = \dfrac{2 \times 10^{41}}{7 \times 10^{22}} = \dfrac{2}{7} \times (10^{41-22}) = \dfrac{2}{7} \times 10^{21} = \dfrac{2}{7} 10^{21}$

우리 은하의 모습

달의 모습

대사원의 원판 옮기기
횟수 속에 숨은 규칙

브라만 신의 약속

먼 옛날이었다.

인도의 갠지스 강 기슭에 대사원이 있었다. 대사원의 중앙에는 커다란 원탑이 우뚝 서 있었다.

'이곳이 세계의 중심이다.'

원탑은 이런 뜻을 담고 세워진 것이었다.

높이 솟아 있는 원탑 아래에는 구리로 제작한 맑디맑은 밑받침 3개가 가지런하게 놓여 있었다. 구

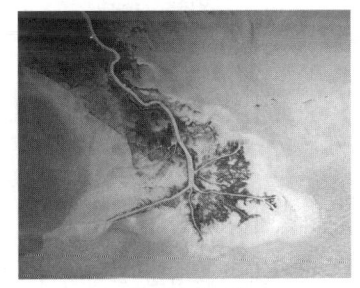

인도 갠지스 강

1. 수의 신비로움

리 밑받침에는 높이가 50여cm 남짓 되는 황금 바늘이 꼿꼿하게 세워져 있었는데 그 중 하나에 64개의 고리가 끼워져 있었다. 고리는 크기가 달랐고, 위 것일수록 작았다.

이른 새벽녘, 동자승들이 원탑 주변을 경건한 마음으로 쓸고 있었고, 원탑 뒤의 우거진 수목에서는 청아한 새 소리가 끊임없이 흘러나오고 있었다.

"이런 태평 세월이 한없이 이어졌으면 좋겠다."

원탑 주변을 빗질하던, 머리가 유난히 둥근 동자승이 뇌까리듯이 옆 동자승에게 이렇게 말했다.

"그야 우리 모두가 바라는 바 아니겠어."

옆 동자승이 말을 받았다.

그때 가장 나이가 찬 동자승의 목소리가 들렸다.

"잠시 쉬었다 하자."

그 말에 동자승들이 원탑 앞으로 다가왔고, 얼추 그들이 다 모였는가 싶을 즈음이었다. 그들 앞으로 뿌연 연기가 치솟아 올랐고, 동자승들은 평범하지 않은 연기에 작은 외마디 비명을 내지를 뿐, 숨을 죽이며 연기가 걷히길 기다렸다.

이내 연기가 사라지자, 맨 앞 줄에서 연기 속을 유심히 살피고 있던 동자승이 황망히 넙죽 엎드리며 이렇게 외치는 것이었다.

"신이 나타나셨다!"

그랬다. 범상치 않은 희뿌연 연기 뒤에는 그들이 존숭하는 브라만 신이 찬란한 모습을 드러내며 서 있는 것이었다.

동자승들은 기겁을 하며 허리와 무릎을 굽혔고, 이마가 땅에 닿도록

브라만 신

조아리고 조아렸다.

"신이시여, 브라만 신이시여……."

그들은 그렇게 신에게 절을 올리고 또 올렸다.

"일어나거라."

브라만 신은, 감개무량하여 고개를 들지 못하고 있는 동자승들을 향해 너그러운 목소리로 그렇게 일렀다.

동자승들이 조심조심 고개를 쳐들었다.

"세상이 한없이 태평 세월이었으면 좋겠다구?"

동자승들은 너무도 황송하여 또다시 넙죽 고개를 떨구며 신에게 절을 올리는 것으로 대답을 대신했다.

1. 수의 신비로움 | 57

"그것이 소원이라면 내 못 들어줄 것도 없지."

브라만 신은 그렇게 말을 뱉고 원탑 쪽으로 사뿐사뿐 발걸음을 옮겼다. 그의 그러한 동작은 구름을 타고 나는 것과 다를 바 없는 움직임이었다.

브라만 신이 64개의 고리가 크기 순서대로 정연히 쌓여 있는 황금 바늘 앞에 멈추어 섰다.

"내 말을 잘 듣도록 하라."

동자승들이 숨을 죽이며 조심스레 머리를 들었다.

"너희들은 이제부터 이 황금 바늘에 꽂힌 64개의 고리를 그 옆에 있는 황금 바늘로 옮겨야 한다."

브라만 신은 64개의 고리가 꽂힌 황금 바늘을 오른손으로 가리키며 말했다.

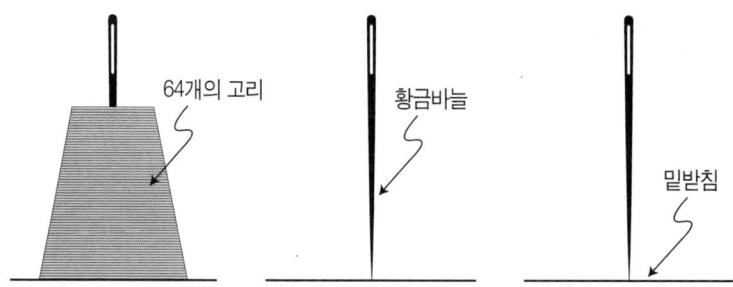

"저……."

최고참 동자승이 입을 떼긴 떼었으나 더는 말을 잇지 못하고 우물거리고 있었다.

"묻고 싶은 게 있나 본데, 그래 질문이 무엇이냐?"

브라만 신이 다소 부드럽게 물었다.

"고리가 꽂혀 있지 않은 황금 바늘은 두 개가 있사옵니다. 어느 쪽에다 고리를 옮겨야 하는 것인지요?"

"아무것이나 상관없느니라. 그러나 보기 좋게 바로 이웃해 있는 황금 바늘로 이동시키는 것이 좋을 듯싶구나."

"……."

동자승들은 고개를 연신 조아렸다.

브라만 신이 말을 이었다.

"단, 고리는 1번에 1개씩밖에 옮길 수가 없느니라. 더불어 고리를 옮기면서 큰 것을 작은 것 위에 얹어서는 절대 안 되느니라."

"알겠습니다, 브라만 신이시여."

"내 말을 충실히 이행하고 한 순간도 게으름을 피우지 않으면 너희들이 바라는 대로 세상은 영원히 태평 성대를 구가할 것이다. 그러나 나와의 약속을 어긴다거나 저버리는 일이 발생하면 사원은 무너지고 세상은 곧바로 종말을 고하게 될 것이다."

브라만 신은 이렇게 마지막 충고를 남기고, 다시 피어 오른 뿌연 연기와 함께 어디론가 사라졌다.

기하급수적으로 증가하는 횟수

브라만 신은 동자승들에게 64개의 고리를 옆 황금 바늘로 옮길 때까지는 태평 세월이 이어질 것이라고 했다.

그렇다면 고리를 옮기는 횟수는 구체적으로 얼마나 될까?

우선, 고리가 1개일 경우는 말할 것 없이 1번만 옮기면 된다.

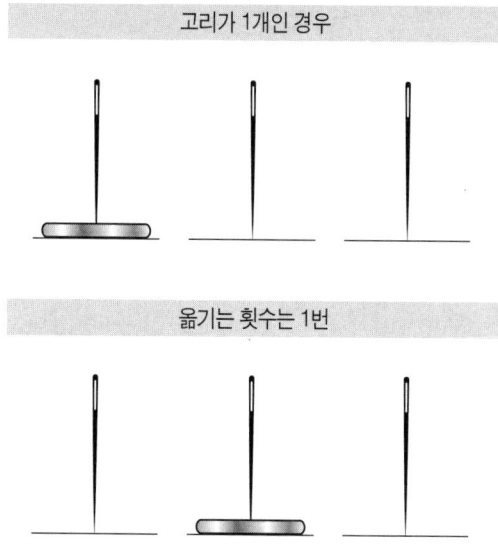

다음으로 고리가 2개라면 세 번의 옮김이 필요하다. 이렇게 말이다.

> 작은 고리를 2번째 황금 바늘로 옮긴다.
> 큰 고리를 3번째 황금 바늘로 옮긴다.
> 작은 고리를 다시 3번째 바늘로 옮긴다.

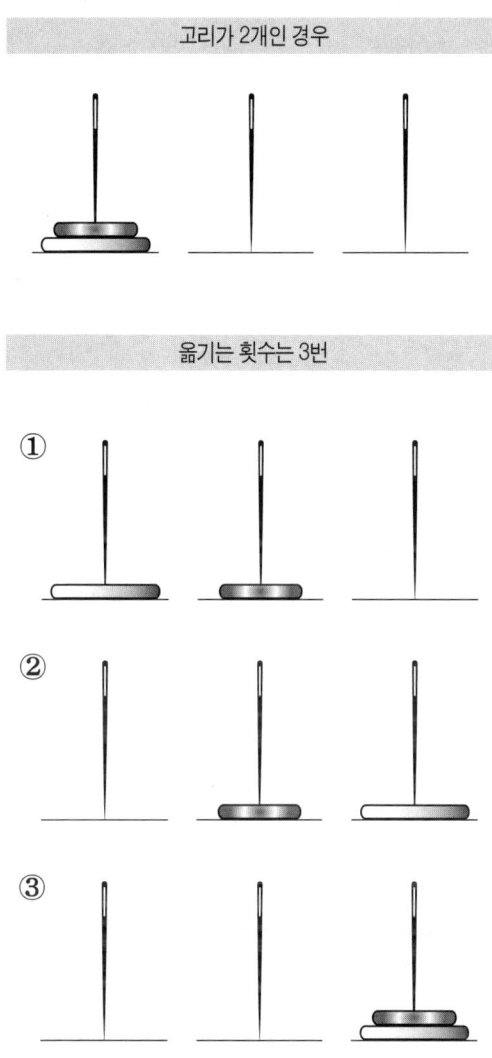

그리고 고리가 3개일 때는 이보다는 약간 복잡해져서 다음처럼 총 일곱 번이 걸리게 된다.

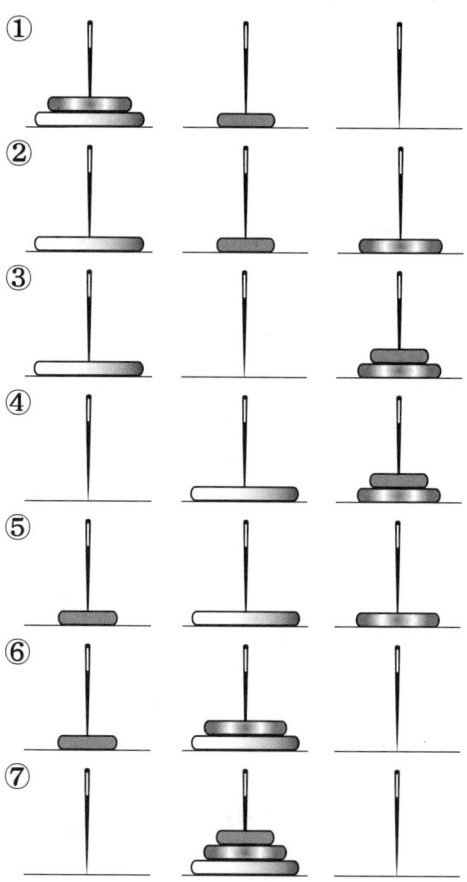

가장 작은 고리를 2번째 황금 바늘로 옮긴다.
중간 고리를 3번째 황금 바늘로 옮긴다.
가장 작은 고리를 3번째 황금 바늘로 옮긴다.
가장 큰 고리를 2번째 황금 바늘로 옮긴다.
가장 작은 고리를 1번째 황금 바늘로 옮긴다.
중간 고리를 2번째 황금 바늘로 옮긴다.
가장 작은 고리를 2번째 황금 바늘로 옮긴다.

이런 식으로 고리를 옮겨 보면,

4개일 경우는 15회가 되고
5개일 경우는 31회가 되고
6개일 경우는…….

이렇게 고리를 옮기는 가짓수를 세나가다 보면, 고리가 10개일 경우의 횟수는 무려 1000회 이상으로 넘어가고, 그 이후부터 그 가짓수는 급격히 증가하게 돼 셈이 혼란스러워질 정도가 된다. 아니, 산술 자체가 불가능해지는 상황에까지 이르게 되는 것이다.

그렇다면 이 난관을 극복할 수 있는 방법은 없는 것일까?

규칙을 찾아라

물론, 그 방법은 있다.

고리를 옮기는 횟수를 자세히 살펴보자. 그러면 그 안에 공통점이 있음을 발견할 수 있을 것이다. 다음과 같은 공통의 규칙이 비밀스러이 숨어 있다는 사실을 말이다.

> 2개일 경우는 3회($2 \times 2 - 1 = 2^2 - 1$)
> 3개일 경우는 7회($2 \times 2 \times 2 - 1 = 2^3 - 1$)
> 4개일 경우는 15회($2 \times 2 \times 2 \times 2 - 1 = 2^4 - 1$)
> 5개일 경우는 31회($2 \times 2 \times 2 \times 2 \times 2 \times -1 = 2^5 - 1$)가 된다.

즉, 고리의 수와 고리를 옮기는 횟수 사이에는 '2를 고리의 수만큼 곱하고 1을 빼는' 법칙이 숨어 있는 것이다.

이러한 규칙대로라면, 고리가 10개면 ($2^{10}-1$), 20개면 ($2^{20}-1$),

30개면 ($2^{30}-1$)이 되고, 고리가 64개가 되면 무려 $2^{64}-1$이라는 천문학적 수치에 이르게 된다.

실로 장구한 세월

$2^{64}-1$은 자그마치 '18,446,744,073,709,551,615'이라고 하는 엄청난 수이다.

그렇다면 고리를 이 무지막지한 수만큼 이동시키는 데 드는 시간은 얼마나 소요될까?

고리를 1초에 한 개씩 옮긴다고 생각해 보자.

그러면 1년은 $60 \times 60 \times 24 \times 365 (=31,536,000)$초이므로, 한 해 동안에 고리를 옮길 수 있는 총 횟수는 31,536,000회가 된다.

따라서 64개의 고리를 옆 황금 바늘로 완전히 옮기는 데에는 18,446,744,073,709,551,615를 31,536,000로 나눈 만큼의 시간이 걸릴 것이다. 그 시간은 무려 6천억 년 이상 되는 엄청난 기간이다.

$$\frac{18,446,744,073,709,551,615}{31,536,000} = 6천 억 \cdots\cdots.$$

이 우주가 탄생한 시간이 2백억 년이 넘지 않는데, 6천억 년이라……, 실로 장구한 세월이 아닐 수 없다.

하늘과 땅을 모래알로 채우면
극과 극의 수

🔸 모래와 우주

세상에는 아주 재미있는 상상이 많다. 그 중에서도 특히 극과 극끼리의 맞섬은 그 재미를 한층 더한다. 예를 들어, 뚱뚱이와 홀쭉이의 대결, 거인과 난장이의 싸움, 공룡과 개미의 달리기…등등은 그 결과야 어떻든 생각만으로도 사람들의 관심을 불러일으키기에 조금도 부족하지 않다.

그리고 그러한 극과 극의 상상은 수학을 만나면 더욱 빛을 발하게 된다. 예를 들어, 세상에서 가장 자그마한 물체로 가장 커다란 물체를 메우는 방법을 생각해 보는 것도 그러한 지적 즐거움에 다름 아닐 것이다.

아르키메데스 기념우표

실제로 고대 그리스 최대의 과학자인 아르키메데스(Archimedes, BC 287?~BC 212)는 그러한 지적 즐거움을 즐겨 누린 인물이었다. 하루는 그가 다음과 같은 거창한 고민에 빠진 적이 있었다.

'하늘과 땅을 온통 모래로 채우려면 얼마나 많은 모래알이 필요할까?'

우리가 눈으로 볼 수 있는 가장 작은 물질 가운데 하나인 모래알, 그리고 우리가 느낄 수 있는 가장 커다란 사물인 하늘과 땅. 크기를 놓고 보면 극과 극이라고 볼 수 있는 이 둘의 연결이 그래서 충만한 지적 즐거움을 주기에 부족하지 않은 것이다.

아르키메데스의 가정과 계산

작은 물체로 큰 물체를 가득 채우고자 하면 무엇보다 부피를 먼저 알아야 한다. 그리고 부피를 알았다면, 다음으로는 작은 부피로 큰 물체의 부피를 나누어야 한다. 그래야만 작은 물체를 큰 물체 속에 몇 개 나 넣을 수 있을지 계산이 가능하기 때문이다.

이런 단순한 수학적 지식을 모를 리 없었을 아르키메데스도 그래서 모래알과 하늘과 땅의 부피를 우선적으로 알려고 노력했다. 하지만 모래알의 부피야 평균적으로 측정이 가능하지만, 하늘과 땅의 크기야 모양 자체부터 가늠이 쉽지 않은 것이어서 가정이 필요했다.

아르키메데스가 그 문제를 푸는 해결책으로 제시한 방법은 다음과 같은 것이었다.

"하늘과 땅이 지구를 둥글게 에워싸고 있다고 생각하자. 그러면 그 속을 채우는 데 필요한 모래알의 총 개수는 공의 반지름과 모래알이 얼마나 크고 작으냐에 따라서 달라질 것이다."

그렇다. 아르키메데스는 하늘과 땅의 부피를 알기 위한 가정으로 우주가 공처럼 둥글다는 가정을 세운 것이었다.

아르키메데스는 그러한 생각의 바탕 위에 다양한 모래알의 크기를 여러 번 측정하여 평균 길이를 알아내었고, 그렇게 해서 얻은 모래알의 수치를 이용하여 하늘과 땅의 부피를 구해 나갔다. 이렇게 말이다.

"모래알 15개의 평균 길이는 대략 2.5cm 남짓으로 측정되었다. 그러므로 가로와 세로의 길이가 2.5cm인 면적 속에는 15×15개, 가로 세로 높이가 각 2.5cm인 부피 안에는 15×15×15개의 모래알이 들어갈 수가 있다. 그리고 하늘과 땅을 포함하는 구의 반지름은 대략 1.6조km에 이르니, 하늘과 땅의 부피는……."

이러한 식의 계산을 통해서 아르키메데스가 얻은 수치는 10^{51}이었다. 즉, 아르키메데스는 우주에 담을 수 있는 모래알의 총 개수를 계산하면서 10^{51}이라고 하는 당시로서는 상상도 할 수 없는 어마어마한 수에 도달한 것이다.

고대 그리스인과 인도인의 숫자 개념

고대 그리스인은 1억, 1조 등과 같은 큰 숫자는 그다지 큰 관심이 없었다. 다시 말해 1, 5, 10, 15 등과 같이 일상에서 흔하게 마주하는 평범한 숫자에 그리스인은 관심을 가지며 수를 연구했다.

그러다 보니 머리를 써가며 무지무지 거대한 수를 끌어내어 굳이 계산을 복잡하게 만들 필요가 없었다. 큰 수를 멀리하고 작은 수가 그들의 관심권 안으로 들어올 수밖에 없었던 이유다.

그러나 고대 인도인은 달랐다. 고대의 그리스인이 알고 있었던 최대의 수가 1만이었던 것과는 달리, 고대 인도인은 지칠 줄 모르는 큰 수에 대한 욕망을 나날이 불태웠다. 브라만 탑의 이야기에 등장하는 $2^{64}-1$이라는 거대한 수도 그들의 그러한 노력이 있었기에 가능한 것이었다.

그래서 하늘과 땅을 가득 채울 수 있는 모래알의 총 개수가 10^{51}이 맞는지 틀리는지의 시시비비를 떠나 그런 결론에 도달한 아르키메데스의 업적이 뜻 깊은 의미를 가지는 것이며, 실로 찬사를 아끼지 않을 수 없는 위대한 공적이 되는 것이다.

아르키메데스는 모래알 계산이라는 약간은 허황된 듯한 계산을 통해 고대 그리스인의 수에 대한 태도와 개념을 완전히 뒤바꾸는 계기를 마련한 것이다.

우리 선조의 수 개념

그렇다면 우리 선조들의 수 개념은 어떠했을까?

우리 선조들은 가장 큰 수와 가장 작은 수를 어디까지 알고 있었으며, 어떻게 불렀을까?

예로부터 가장 큰 수는 '헤아릴 수 없다'는 뜻을 지닌 '무량수'(일본은 무량대수라고 부르지만, 우리말로는 무량수가 올바른 명칭이다)라고 불렀다. 무량수는 1에 0을 무려 128개나 붙인, 그러니까 10의 128승(10^{128})이나 되는 그야말로 무지막지한 수다. 그러나 숫자를 부르는 약속이 바뀌어 요즘은 1에 0을 68개 붙인 수를 무량수라고 한다.

반면 가장 작은 수는 정이라고 불렀다. 소수점 이하로 0이 128개나 따라붙는 엄청나게 작은 수이다. 즉 10의 −128승(10^{-128})이 정인 것이다. 그러나 작은 수를 지정하는 방식 또한 달라져서, 오늘날은 가장 작은 수를 청정이라고 부른다. 청정은 소수점 이하에 0을 21개 붙인, 그러니까 10의 −21승(10^{-21})인 수이다.

숫자를 부르는 방법은 18세기를 경계로 해서 달라졌는데, 우리 선조들이 불렀던 큰 수와 작은 수의 이름은 다음과 같다.

큰 수의 이름

이름	18세기 이전	18세기 이후
일	1	1
십	10	10
백	10^2	10^2
천	10^3	10^3
만	10^4	10^4
억	10^8	10^8
조	10^{16}	10^{12}
경	10^{24}	10^{16}
해	10^{32}	10^{20}
자	10^{40}	10^{24}
양	10^{48}	10^{28}
구	10^{56}	10^{32}
간	10^{64}	10^{36}
정(正)	10^{72}	10^{40}
재	10^{80}	10^{44}
극	10^{88}	10^{48}
항하사	10^{96}	10^{52}
아승기	10^{104}	10^{56}
나유타	10^{112}	10^{60}
불가사의	10^{120}	10^{64}
무량수	10^{128}	10^{68}

작은 수의 이름

이름	18세기 이전	18세기 이후
분	10^{-1}	10^{-1}
리	10^{-2}	10^{-2}
호	10^{-3}	10^{-3}
사	10^{-4}	10^{-4}
홀	10^{-5}	10^{-5}
미	10^{-6}	10^{-6}
섬	10^{-7}	10^{-7}
사	10^{-8}	10^{-8}
진	10^{-16}	10^{-9}
애	10^{-24}	10^{-10}
묘	10^{-32}	10^{-11}
막	10^{-40}	10^{-12}
모호	10^{-48}	10^{-13}
준순	10^{-56}	10^{-14}
수유	10^{-64}	10^{-15}
순식	10^{-72}	10^{-16}
탄지	10^{-80}	10^{-17}
찰라	10^{-88}	10^{-18}
육덕	10^{-96}	10^{-19}
허	10^{-104}	없음
허공	없음	10^{-20}
공	10^{-112}	없음
청	10^{-120}	없음
청정	없음	10^{-21}
정(淨)	10^{-128}	없음

쿠푸왕의 대피라미드
피라미드에 담긴 수의 의미

대피라미드는 세계의 중심

광활한 사막의 나라 이집트에 가면 만날 수 있는 거대한 사각뿔의 유적, 이름하여 피라미드(pyramid)라고 부르는 고대 이집트 왕들의 돌무덤은 풀면 풀수록 놀랍고도 신비한 수학적 비밀로 가득하다.

그 가운데서도 피라미드의 대명사라고 하면 누가 뭐라고 해도 기원전 2500여년경 기제(gizeh, 또는 기자 giza, 이집트 카이로의 나일강 서안에 위치한 도시)에 건축한, 2.5t의 돌덩이 230여만 개로 쌓아올린 밑면 230여m, 높이 146.5m에 달하는 쿠푸왕(Khufu, BC 2589?~ BC 2566)의 대피라미드일 것이다. 고대 그리스의 역사가 헤로도토스에 따르면 10만 명의 노동자가 3개월씩 교대로 일을 하며 20년 만에 완성했다고 한다.

쿠푸왕의 대피라미드

왕비의 피라미드

　　쿠푸왕의 대피라미드 주위에는 아들과 손자의 것으로 추정되는 두 개의 피라미드가 우뚝 솟아 있고, 왕비의 무덤 6개가 3개씩 2줄로 줄지어 있으며, 스핑크스가 그 위엄 높은 자태를 뽐내며 주변을 호위하고 있다.

그러한 쿠푸왕의 대피라미드는 그 육중한 몸체만큼이나 과학자들의 열의가 가장 많이 반영된 피라미드 중의 피라미드다.

쿠푸왕의 대피라미드에는 현대의 과학조차 혀를 내두를 만큼 오묘한 신비가 가득 담겨 있다. 한마디로 말해, 쿠푸왕의 대피라미드는 신비로움으로 똘똘 뭉친 고대의 유적이라고 볼 수 있는 것이다.

우선, 쿠푸왕의 대피라미드를 중심으로 놓고 두 개의 직선을 직각으로 교차하여 그려 나가면 세계가 똑같이 나누어진다. 즉, 동경 31°의 수직선과 북위 30°의 수평선을 그어서 쿠푸왕의 대피라미드를 지나게 하면 세계의 대륙이 4등분되면서 그 면적이 거의 엇비슷해지는 것이다.

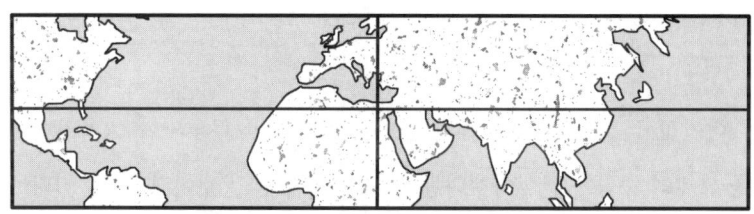

세계의 대륙을 4등분하는 대피라미드

또한 쿠푸왕의 대피라미드를 원의 중심으로 놓고, 나일 강의 삼각주 끝부분을 반지름으로 하는 원호를 그어서 나일 강 삼각주의 두 끝인 사이드 항구와 알렉산드리아를 연결하면 보란 듯이 딱 들어맞는다. 즉, 나일 강에서 바라본 쿠푸왕의 대피라미드는 부채꼴 모양인 삼각주의 중심에 위치해 있는 것이다.

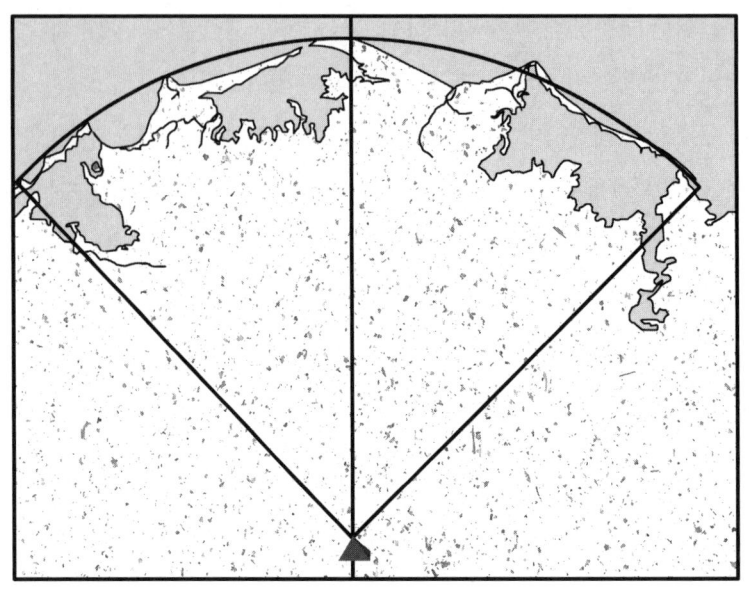

삼각주의 중심에 놓인 대피라미드

이러한 두 사실은 고대 이집트의 건축가들이 쿠푸왕의 대피라미드를 세계의 중심에 건설하겠다는 강한 의지가 담긴 것이라 볼 수 있다.

밑변의 비밀

쿠푸왕의 대피라미드는 그러한 위치적 비밀뿐만 아니라 크기에 있어서도 남다른 깊은 의미를 갖고 있다.

우선, 쿠푸왕의 대피라미드의 사방을 이루고 있는 밑변의 정확한 길이는 각각 다음과 같다.

동쪽 밑변 : 230.391m
서쪽 밑변 : 230.357m
남쪽 밑변 : 230.454m
북쪽 밑변 : 230.253m

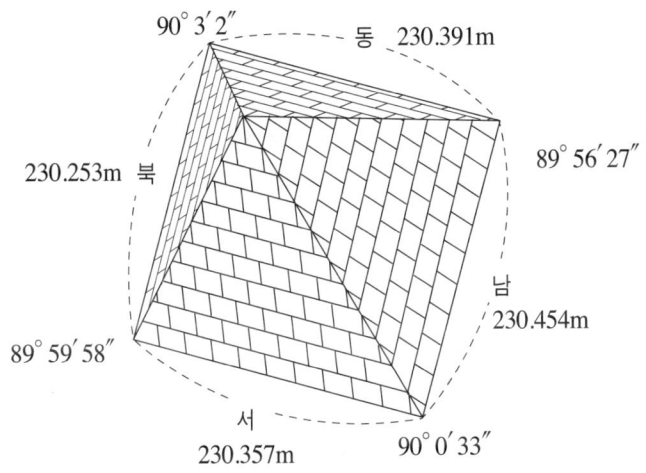

대피라미드의 밑변과 모서리각

이처럼 대피라미드의 네 밑변은 소수점 자리에서 약간의 차이를 보이는 엄청난 정밀성을 보여주고 있다. 또한 거기에다 네 밑변이 향하고 있는 방향이 동서남북과 그럴 듯하게 일치하고 있는 것이다.

이것뿐만 아니다. 밑변이 만나서 모아진 네 모서리각은 무시할 수 있는 정도의 오차로 90°를 취하고 있다. 이렇게 말이다.

북서쪽 모서리각 : 89° 59′ 58″
북동쪽 모서리각 : 90° 3′ 2″
남동쪽 모서리각 : 89° 56′ 27″
남서쪽 모서리각 : 90° 0′ 33″

하나의 질량이 무려 2.5t에 육박하는 거대한 돌덩이들을 쓸 만한 건축 장비 하나 제대로 갖추고 있지 않았던 시절에 산처럼 높고 크게 쌓아올린다는 것만도 불가사의한 일이라 아니할 수 없을 터인데, 피라미드의 네 변이 이루고 있는 길이와 모서리각을 이처럼 정밀하게 제작하였다는 건 상식적 개념으론 도저히 이해가 곤란한 불가사의 중 불가사의이다. 사실, 첨단의 건축 기자재를 두루 갖추고 있는 현대의 유명 건축가들조차 쿠푸왕의 대피라미드와 같은 거대 건축물을 축조하면서 그토록 정교하게 짓는 것은 극히 어려운 일이라고 말할 정도다.

원주율의 비밀

더욱이 쿠푸왕의 대피라미드의 밑변과 높이 속에는 원주율(3.14⋯)의 비밀이 숨어 있다. 네 밑변 중에서 아무것이나 두 개를 선택하여 더하고, 그 값을 대피라미드의 높이(146.6m)로 나누면 원주율이 된다.

밑변을 두 개씩 골라서 더하고 나눈 결과가 다음에 계산돼 있다.

1) 동쪽과 서쪽 밑변을 더하고 높이로 나눈 경우

$$\frac{(동쪽\ 밑변 + 서쪽\ 밑변)}{높이} = \frac{230.391\mathrm{m} + 230.357\mathrm{m}}{146.6\mathrm{m}}$$

$$= \frac{460.748\mathrm{m}}{146.6\mathrm{m}} = 3.142892\cdots$$

2) 남쪽과 북쪽 밑변을 더하고 높이로 나눈 경우

$$\frac{(남쪽\ 밑변 + 북쪽\ 밑변)}{높이} = \frac{230.454\mathrm{m} + 230.253\mathrm{m}}{146.6\mathrm{m}}$$

$$= \frac{460.707\mathrm{m}}{146.6\mathrm{m}} = 3.142612\cdots$$

3) 동쪽과 남쪽 밑변을 더하고 높이로 나눈 경우

$$\frac{(동쪽\ 밑변 + 남쪽\ 밑변)}{높이} = \frac{230.391\mathrm{m} + 230.454\mathrm{m}}{146.6\mathrm{m}}$$

$$= \frac{460.845\mathrm{m}}{146.6\mathrm{m}} = 3.143553\cdots$$

4) 서쪽과 북쪽 밑변을 더하고 높이로 나눈 경우

$$\frac{(서쪽\ 밑변 + 북쪽\ 밑변)}{높이} = \frac{230.357\mathrm{m} + 230.253\mathrm{m}}{146.6\mathrm{m}}$$

$$= \frac{460.610\mathrm{m}}{146.6\mathrm{m}} = 3.141950\cdots$$

5) 동쪽과 북쪽 밑변을 더하고 높이로 나눈 경우

$$\frac{(동쪽\ 밑변 + 북쪽\ 밑변)}{높이} = \frac{230.391\mathrm{m} + 230.253\mathrm{m}}{146.6\mathrm{m}}$$

$$= \frac{460.644\mathrm{m}}{146.6\mathrm{m}} = 3.142182\cdots$$

6) 서쪽과 남쪽 밑변을 더하고 높이로 나눈 경우

$$\frac{(서쪽\ 밑변 + 남쪽\ 밑변)}{높이} = \frac{230.357m + 230.454m}{146.6m}$$

$$= \frac{460.811m}{146.6m} = 3.143321\cdots$$

이 계산 결과가 명확히 보여주고 있듯이 대피라미드의 두 밑변을 높이로 나눈 값은 예외없이 3.14가 되고 있다.

피라미드 단위

과학자들은 쿠푸왕의 대피라미드에서 천문학적인 수치라고 볼 수 있는 '피라미드 단위'를 찾아냈다. 그들은 지구의 평균 반지름(6.370 km)을 1천만으로 나눈 값이 1피라미드 단위에 해당한다는 사실을 밝혀낸 것이다.

1피라미드 단위를 계산하면 다음과 같다.

$$1피라미드\ 단위 = \frac{6,370km}{10,000,000} = \frac{6,370,000m}{10,000,000} = 0.637m$$

그렇다면 이런 점이 궁금하지 않을 수 없다.

"1피라미드 단위는 어떤 비밀을 간직하고 있을까?"

1피라미드 단위와 대피라미드의 밑변을 연결하면 1년에 근접한 숫자를 얻을 수가 있다. 즉, 1피라미드 단위로 대피라미드 각각의 밑변을 나누면 361을 약간 웃도는 수치가 나오는 것이다. 이렇게 말이다.

1) 1피라미드 단위로 동쪽 밑변을 나눈 경우

$$\frac{\text{동쪽 밑변}}{1\text{피라미드 단위}} = \frac{230.391\text{m}}{0.637\text{m}} = 361.68\cdots$$

2) 1피라미드 단위로 서쪽 밑변을 나눈 경우

$$\frac{\text{서쪽 밑변}}{1\text{피라미드 단위}} = \frac{230.357\text{m}}{0.637\text{m}} = 361.62\cdots$$

3) 1피라미드 단위로 남쪽 밑변을 나눈 경우

$$\frac{\text{남쪽 밑변}}{1\text{피라미드 단위}} = \frac{230.454\text{m}}{0.637\text{m}} = 361.78\cdots$$

4) 1피라미드 단위로 북쪽 밑변을 나눈 경우

$$\frac{\text{북쪽 밑변}}{1\text{피라미드 단위}} = \frac{230.253\text{m}}{0.637\text{m}} = 361.46\cdots$$

이들 결과는 1년 365일에 가까운 수치다. 이렇게 쿠푸왕의 대피라미드에는 1년에 대한 뜻도 비밀스러이 담겨 있다.

세차 운동과도 관련

과학자들은 쿠푸왕의 대피라미드가 지구의 세차 운동과도 밀접한 연관이 있다는 사실을 알아내었다. 세차 운동이란, 지구가 기울어진 자전축을 중심으로 하여 360° 회전하는 운동을 말한다.

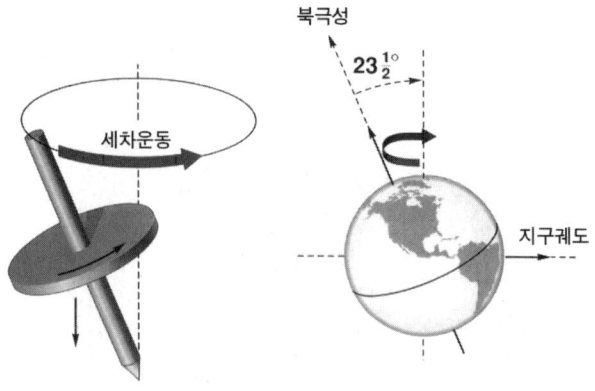

세차 운동

    지구가 60°만큼 세차 운동하는 데에는 4320년 남짓한 시간이 걸리는데, 이 4320이라는 숫자가 그냥 무심히 지나칠 수 없는 숫자란 점이다. '4320'이나 그보다 10배 작은 '432'는 고대의 신화 속에 빈번히 등장하는 수이기 때문이다.

    예를 들어, 옛 신화 속에서는 432에 10,000을 곱한 숫자로 장구한 시간(우주의 한 주기 4320000년)을 나타내곤 하였다. 더욱이 4320을 10배 한 43200으로 지구의 적도 둘레(40,054km)와 지구의 평균 반지름을 나누면, 대피라미드의 밑변, 높이와 깊은 연관이 있는 값이 나오게 된다.

$$\frac{\text{지구의 적도 둘레}}{43{,}200} = \frac{40{,}054\text{km}}{43{,}200} = \frac{40{,}054{,}000\text{m}}{43{,}200} = 927\text{m}$$

대피라미드의 네 밑변을 모두 더한 길이
$= 230.391\text{m} + 230.357\text{m} + 230.454\text{m} + 230.253\text{m} = 921\text{m}$

$$\frac{\text{지구의 평균 반지름}}{43{,}200} = \frac{6{,}370\text{km}}{43{,}200} = \frac{6{,}370{,}000\text{m}}{43{,}200} = 147.4\text{m}$$

쿠푸왕의 높이 = 146.6m

　이처럼 지구의 적도 둘레를 43,200으로 나눈 값은 대피라미드의 밑변을 모두 합한 길이와 지구의 평균 반지름을 43,200으로 나눈 값은 대피라미드의 높이와 거의 일치하고 있는 것이다.
　지금까지 살펴본 이러한 모든 사실을 종합해 볼 때, 쿠푸왕의 대피라미드는 지구를 아주 정밀하게 축소해 놓은 위대한 걸작품에 다름 아니라고 볼 수 있는 것이다.

피타고라스의 대오류
무리수

피타고라스의 정리

고대 그리스에선 기하학에 대한 열렬한 연구가 이루어졌다. 수많은 학자들이 기하학을 연구하는 데 일생을 바쳤다. 피타고라스는 그러한 학자 중에서도 으뜸가는 사람이었다.

피타고라스는 제자들에게 이렇게 당부했다.

"이 신성한 학당에서 습득한 지식을 외부로 감히 유출하는 자는 내가 직접 엄한 벌을 내릴 것이다. 우리가 뜨거운 열정을 불태워서 발견한 새로운 지식이 외부인에게 알려지는 것을 철저히 막도록 하라!"

피타고라스는 기하학 지식이 새나가는 것을 그렇게 철두철미 막으면서 새로운 지식을 독점했다. 그러나 도가 지나치면 화를 불러온다고 했다. 그처럼 의욕에 찬 피타고라스의 과욕은 무리수를 발견하는 과정에서 예기치 못한 대혼란을 일으켰으며 대단한 과오를 범하게 했다.

피타고라스는 '직각 삼각형의 변과 대각선 사이의 관계'를 다룬 다음과 같은 유명한 정리를 발견했다.

직각삼각형의 가장 긴 변과 짧은 변 사이에는 제곱의 관계가 성립한다. 즉, 각 변을 A, B, C라고 하면 '$A^2 + B^2 = C^2$'의 관계가 성립한다.

이것을 '피타고라스의 정리'라고 한다.

피타고라스의 정리는 직각 삼각형을 다루는 데 있어서 없어서는 안 될 중요한 원리이다.

피타고라스에 관한 고서

당혹스러운 수

그런데 그렇게 의미 깊은 법칙을 발견해 놓고서 피타고라스의 고민은 시작되었다.

예를 들어보자. 직각 삼각형의 한 변이 1이라고 하자. 그러면 대각선의 길이는 어떻게 되는가? 그 값은 피타고라스의 정리를 이용하면 간단히 구할 수가 있다. 이렇게 말이다.

$$1^2 + 1^2 = C^2$$

즉, $C^2 = 2$가 된다. 왜냐하면 $1^2 = 1 \times 1 = 1$이어서 $1^2 + 1^2 = 1 +$

1. 수의 신비로움 **85**

1=2가 되기 때문이다. 그렇다면 두 번 곱해서 2가 되는 수(C×C= 2), 그것은 과연 어떤 수일까? 바로 이것이 그리스의 대학자 피타고라스를 쩔쩔매게 한 것이었다.

피타고라스는 온갖 방법을 다 동원하여 그 답을 찾고자 했다.

'과연 어떤 수일까?'

그러나 피타고라스가 알고 있는 수로는 그에 대한 흡족한 답을 찾는 것이 가능하지 않았다. 피타고라스가 당시까지 이해하고 있던 수는 '분수로 나타낼 수 있는 수(유리수)'가 전부였다. 그는 분수로 표현하지 못하는 수가 있다는 사실을 믿으려 하지도 않았을 뿐만 아니라 그러한 수가 존재해선 안 된다고 굳게 믿었다.

그런데 그 미지의 수가 그러한 피타고라스의 신념을 송두리째 뒤흔들고 있는 것이었다. 갖은 수단을 다 동원해 보았으나 미지의 수를 분수로 표현해 내는 방법은 마땅히 떠오르지 않았다.

'이걸 어쩐다?'

피타고라스는 중대한 기로에 서지 않을 수 없었다. 미지의 수를 받아들이냐 마느냐, 그것이 문제였다.

절대 발설해선 안 되는 수

피타고라스는 새로운 수의 체계를 과감히 받아들여야 했다. 그러나 그는 그렇게 하지 않았다.

'안 돼! 그건 절대로 불가한 일이야!'

피타고라스는 그 동안 쌓은 탑이 와르르 무너지는 걸 두려워했다.

그때까지 고수해 온 사상의 뿌리를 근본적으로 무너뜨리고 싶지 않았던 것이다.

피타고라스가 그렇게 주장을 굽히지 않으며 심각히 고민에 빠져 있는 사이에 제자들 사이에 내분이 일었다.

"새로운 수를 받아들이자!"

"그건 안 될 일이다!"

그러나 언쟁은 쉬이 가라앉지 않았다. 피타고라스가 나서야 했다. 그는 둘로 양분된 논쟁을 마무리지을 수 있는 유일한 사람이었다.

"새로운 수는 절대로 받아들일 수가 없다!"

피타고라스는 새로운 수의 체계를 용인하지 않는 쪽의 손을 들어주었다. 그의 뜻에 반하는 제자에게는 가차없는 형벌이 내려졌다. 더러 교수대에 끌려가서 참수형을 당하기도 했다.

피타고라스는 그 미지의 수를 '절대 입 밖에 내선 안 되는 수'라고 명하며 제자들의 입을 꼭꼭 걸어 잠갔다.

무리수가 세상의 빛을 보게 되기까지에는 이러한 역사적인 우여곡절이 있었던 것이다.

'절대 입 밖에 내선 안 되는 수' 그것을 우리는 무리수라고 부른다. 분수로 표현이 가능한 유리수와는 달리, 무리수는 분수로 나타낼 수가 없는 수로서 루트($\sqrt{}$)라고 하는 근호를 사용하여 표기한다. $C^2=2$를 만족하는 C는 루트2($\sqrt{2}$)이다.

1. 수의 신비로움 | **87**

교과서 밖에서 배우는 / 재미있는 수학상식

Möbius

 기묘한 도형의 세상

박첨지의 끝없는 욕심 / 도형의 면적
굴뚝 청소를 한 두 사내 / 뫼비우스의 띠
모든 지도는 4가지 색으로 색칠이 가능하다 / 4색 문제
내부일까, 외부일까 / 조르당 곡선의 특성
아르키메데스의 유언에 담긴 뜻 / 원기둥에 내접한 구와 원뿔
원주율을 찾아라 / 원주율
이집트의 지오메트리 / 이집트의 기하학
정통 기하학의 밑거름이 되다 / 그리스의 기하학
아폴로 신과 전염병 / 부피가 두 배가 되는 제단
나일 강 범람이 낳은 문제 / 원과 면적이 같은 정사각형
세상에서 가장 아름다운 분할 / 황금 분할
페르가의 아폴로니우스 / 원뿔 곡선
몇 채의 주택이 필요할까 / 오일러의 수
L의 이자 갚는 법 / 도형을 이용한 이자 계산

박첨지의 끝없는 욕심

도형의 면적

촌장의 약속

햇살이 아프도록 따가운 구름 한 점 없는 푸르른 날이었다.

촌장이 마을 주민들을 고래등 같은 자신의 집 앞으로 불러 모았다.

"내 나이 이미 고희(70살)를 넘긴 지 두 해나 지났소. 그러나 자식이라고 아들을 하나 보았소만, 여러분께서 익히 알고 있는 바대로 그 놈도 쉰이 넘도록 손을 보지 못하였소. 10대째 만석지기로 터를 잡아 온 집안의 대를 끊어 놓을 판이었으니 저승에 가서도 선친을 뵈올 낯이 없지 않았겠소. 그러던 차에 자식 놈이 이번에 떡두꺼비 같은 사내 놈을 얻었지 뭐요. 그래서 용암이 솟구치듯 터져 나오는 이 기쁨을 나 혼자서만 누리기가 아까워서 주민들과 함께 나누고자 하오."

촌장은 그렇게 말을 하고는 집안으로 쑥 들어갔다.

그러자 곧바로 그 집의 하인 돌쇠가 달려 나와서 대문 앞에 큼지막한 방을 떠억 붙이는 것이었다.

〈내 손자의 이름을 지어주시오. 가장 멋진 성명을 지어준 자에게는 갖고 싶은 만큼의 논을 떼어 주겠소.〉

일주일 간의 공고를 거쳐서 접수한 결과 1등 당선은 이름 잘 짓기로 소문난 박첨지였다.

박첨지 역시 만석지기는 아니었어도 천석지기 집안이어서 남부럽지 않은 살림살이였다. 그러나 있는 놈이 더 하다고 살 만큼 사는 처지였음에도 불구하고 박첨지의 욕심은 끝을 몰랐다. 눈을 감기 전에 무슨 수를 써서라도 만석지기가 되어 보고야 말겠다는 것이 박첨지의 꿈인 것이었다.

그러던 차에 이런 기회가 온 것이었다. 만석지기에 대한 박첨지의 욕망은 이제 현실로 다가오는 듯했다. 조만간 그 마을 최고의 부자가 되어 있는 자신의 모습을 그리며 박첨지는 촌장 집으로 발걸음을 재촉했다.

"약속한 대로 자네에게 땅을 주겠네. 그래 얼마나 갖고 싶은가?"

촌장이 물었다.

박첨지는 선뜻 대답을 하지 못했다. 욕심 같아서는 촌장의 땅을 모두 다 달라고 말하고 싶었으나 그래도 마을에서는 양식이 있는 사람 축에 끼는 상황이었으니…….

박첨지가 대답을 못하고 주저하자 그것이 무슨 의미인지 알겠다는 듯 촌장이 또다시 입을 열었다.

"자네야 내 땅을 모두 갖고 싶겠지. 하지만 나도 무작정 다 줄 수는 없고 하니……, 이렇게 하도록 하세."

촌장은 그렇게 말을 뱉고는 뒤로 돌았다.

"돌쇠야!"

촌장의 부름이 떨어지기가 무섭게 돌쇠가 달려 나왔다.

"영감 마님 부르셨사옵니까."

돌쇠가 고개를 내리며 아뢰었다.

"광에 가서 갈퀴를 갖고 나오너라."

"알겠사옵니다, 영감 마님."

돌쇠가 삼지창 모양의 갈퀴를 들고 와서 촌장 앞에 조심스럽게 내려 놓았다.

촌장이 오른손으로 갈퀴를 가리켰다.

"박첨지, 자네가 갖고 싶은 만큼의 땅을 이 갈퀴로 마음껏 그어 보게 나. 그은 만큼 내가 자네에게 모두 줌세."

"정말이십니까?"

박첨지의 눈이 똥그래졌다.

"단, 제한이 있네."

"구체적으로 어떤……."

촌장이 박첨지의 말을 끊었다.

"해가 솟자마자 시작해서 해가 저 산 너머로 넘어가기 직전까지 구역을 표시하게나. 분명히 명심하게. 해가 떨어지기 전까지 처음 장소로 되돌아오지 못하면 모든 일은 없었던 걸세."

"알겠습니다. 촌장 어른."

박첨지는 만면 가득히 기쁨의 웃음을 한껏 머금고 집으로 돌아갔다.

사자의 몸이 된 박첨지

"꼬끼오, 꼬끼오……."

새벽 닭이 울었다.

드디어 박첨지가 잠을 설치며 고대하고 고대한 이튿날이 찾아온 것이었다. 박첨지는 어제 촌장에게서 받은 삼지창 갈퀴를 들고 촌장의 논으로 부리나케 달려나갔다.

"일찍 나오셨습니다, 촌장 어른."

박첨지가 촌장에게 인사를 올렸다.

촌장과 돌쇠는 복장을 갖추고 이미 논에 나와 있었다.

"자네도 일찍 나오는구만."

촌장이 다가온 박첨지를 보고 말했다.

"이렇게 서둘러 나온 걸 보니 일분 일초가 아까울 터이고, 그럼 내가 더 이상 붙잡지 않을 터이니 이제부터 자네 마음껏 작업을 시작해 보게나."

"알겠사옵니다, 촌장 어른."

박첨지는 인사를 하고 뒤로 돌아섰다.

"우와……!"

박첨지는 자신도 모르게 입 밖으로 새어 나오는 감탄사를 어찌 막을 방법이 없었다. 촌장의 논은 사방을 둘러보아도 끝이 보이지 않는 망망대해 같은 땅이었다.

'이야아……!'

박첨지는 속으로 그렇게 탄성을 내지르며 앞으로 주욱주욱 달려나갔다. 만석지기가 되려는 욕심이 머리 꼭대기까지 차오른 박첨지는 앞만 보며 마구 줄을 그어나갔다.

어느덧 해는 중천에 솟아올랐다.

"꼬르륵, 꼬르륵……."

뱃속에서는 점심 먹을 시간이 되었음을 알리는 소리가 울리고 있었다. 그러나 그런 음이 귀에 들릴 리 없는 박첨지였다.

'그까짓 점심 한 끼 굶는다고 해서 세상이 두 쪽으로 갈라지기야 하겠는가.'

박첨지는 그렇게 이를 악물며 작업을 이어나갔다.

'이쯤에다 꽂으면 되겠지."

출발지에서 얼추 10여 km는 숨 가쁘게 내달려온 것 같았다. 박첨지는 그 지점에다 막대를 꽂아서 1차 표시를 했다. 그리고는 수직으로 방향을 틀어서 또다시 무작정 달려나갔다.

촌장과 돌쇠는 그러한 박첨지의 지독한 모습을 먼 발치에서 측은하게 바라보며 점심을 하러 집으로 향했다.

식사를 마친 촌장이 돌쇠와 함께 다시 논으로 나왔을 때는 중천에 떠 있던 해가 서편 하늘로 얼추 반쯤은 기울어 있을 시각이었다.

"저기 보이는 것이 박첨지렸다."

촌장이 저 앞으로 가물가물 보이는 것을 오른손 검지 끝으로 가리키며 물었다.

"그런 듯싶사옵니다."

돌쇠가 아뢰었다.

"지독하구나."

촌장이 뇌까리듯 말했다.

'땅이 저토록 좋을까?'

촌장의 눈가로 씁쓰름한 빛이 스치고 지나갔다.

점심 때는 이미 지났다. 박첨지는 요기는커녕 이른 아침부터 지금껏 단 한 순간도 쉬지 않았다. 뻘뻘 비오듯 흘린 땀으로 웃옷과 바지가 몸에 찰싹 달라붙었다. 흡사 물에 들어갔다가 빠져 나온 생쥐 같았다.

박첨지가 마침내 걸음을 멈추고 허리를 폈다.

'이만하면 됐겠지.'

박첨지가 뒤를 돌아보니 1차로 막대를 꽂은 곳이 아득했다. 땅 위로 아롱아롱 피어오르는 아지랭이 사이로 막대가 가물가물 보였다. 알고 보니 1차 표시를 한 지역에서 다시 13km나 달려온 것이었다.

박첨지는 그곳에 두 번째 막대를 꽂았다. 그리고는 왼쪽으로 90° 꺾어서 또다시 걸음을 재촉했다. 2km를 더 달린 박첨지는 잠시 숨을 돌리기 위해 고개를 들어 하늘을 쳐다보았다.

"푸우우……."

허공에 대고 숨을 세차게 내뱉던 박첨지의 얼굴이 순간 하얗게 질려 버렸다. 어느덧 해가 서편 하늘로 뉘엿뉘엿 기울고 있는 것이었다. 다급해진 박첨지는 그곳에 세 번째 막대기를 꽂고, 촌장과 돌쇠가 기다리고 있는 출발 지점을 향해 헐레벌떡 내달렸다.

"헉헉헉……."

박첨지는 거친 숨소리를 내뱉으며 달렸다.

그곳까지는 장장 15km.

온몸은 비를 맞은 듯이 흠뻑 젖어 내렸고, 심장은 곧이라도 터질 듯이 방망이질 쳤으며, 육신은 이제라도 숨이 넘어갈 듯한 고통에 몸부림쳤다.

그러나 천만다행으로 해가 지평선 너머로 떨어지기 직전에 박첨지는 촌장 앞에 도착할 수가 있었다.

"정말 장하오. 약속대로 저 넓은 땅은 이제 박첨지 것이오."

촌장이 말했다.

그 말을 듣는 순간, 박첨지의 눈가로 감격의 눈물이 맺혔다. 만석지기가 된 자신의 모습이 눈앞에 선했다.

"아……!"

그러나 그것이 마지막이었다. 박첨지는 이미 죽은 몸이었다.

▶ 도형의 면적은

박첨지가 촌장의 망망대지에 갈퀴로 그려 표시한 땅은 다음과 같은 사각형이었다. 좀더 구체적으로 말하면 사다리꼴이었다.

그런데 박첨지가 약간의 수학적 지식이 있었더라면 그런 안쓰러운 최후를 맞지는 않아도 되었을 터이다.

박첨지가 그은 총 길이는 출발지에서 1차 표시지까지 10km, 2차 표시지까지 13km, 3차 표시지까지 2km, 그리고 출발 지점까지 15km의 40km였다.

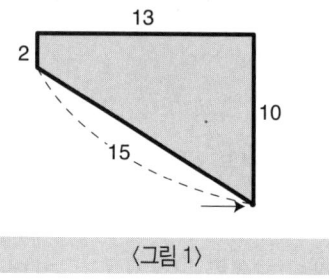

〈그림 1〉

둘레가 같을 때의 면적은, 사다리꼴보다 정사각형이 넓고, 그보다 원이 더 넓다는 사실을 박첨지가 알았더라면……

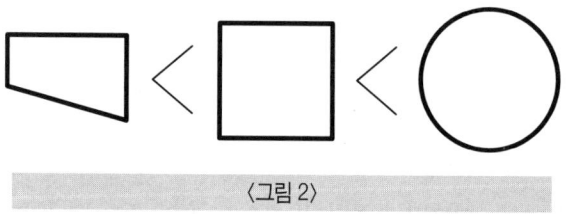

〈그림 2〉

박첨지가 한 변이 10km보다 작은 정사각형을 그렸거나, 둘레가 40km보다 작은 원을 그렸다면 어슷비슷한 면적의 땅을 얻고도 그는 짧은 시간에 충분히 일을 끝마쳤을 터이다. 그랬다면 그렇게 허망한 죽음을 맞지 않아도 되었을 터이다. 이처럼 수학은 목숨을 구할 수도 있는 정말 현실적인 지식이 될 수도 있는 것이다.

굴뚝 청소를 한 두 사내
뫼비우스의 띠

산타클로스의 두 질문

성탄절 새벽이었다.

굴뚝을 타고 내려와 얼굴이 새까맣게 된 산타클로스가 퐁 군과 퐁 양 앞에 안절부절 못하고 서 있었다. 밤을 꼬박 세우며 산타클로스를 기다린 그들에게 꼼짝없이 붙들린 것이다.

"재미난 이야기 해주고 돌아가세요."

이렇게 졸라대는 퐁 군과 퐁 양에게 산타클로스가 들려준 이야기는 '굴뚝 청소를 한 두 사내' 였다.

"퐁 군과 퐁 양처럼 맑고 푸른 눈동자를 가진 두 사람이 굴뚝 청소를 했단다. 한 사내는 얼굴이 새까맣게 되어서 내려왔고, 또 한 사내는 그을음이 전혀 묻지 않은 깨끗한 얼굴로 내려왔지. 누가 얼굴을 씻을 거라고 생각하지?"

퐁 군과 퐁 양은 산타클로스를 멀뚱멀뚱 쳐다보기만 할 뿐 얼른 대답을 하지 못했다.

잠시 후 퐁 군이 입을 열었다.

"얼굴이 더러운 남자요."

"틀렸단다."

산타클로스가 안면 가득히 웃음을 지으며 말했다.

"이상하다."

퐁 군이 고개를 갸웃했다.

"왜 그런데요?"

퐁 양이 물었다.

"거울이 없으니 두 사내는 상대의 얼굴을 보고 자신의 얼굴을 판단할 테지. 더러운 사내는 깨끗한 얼굴의 사내를 보고 자기도 깨끗하다고 생각할 테고, 깨끗한 사내는 상대의 더러운 얼굴을 보고 자기도 더럽다고 생각할거야. 그래서 얼굴이 깨끗한 사내가 세수를 하게 되는 거란다."

산타클로스가 진지하게 말했다.

퐁 군과 퐁 양이 흥미있다는 표정을 지었다.

"한 번만 더 물어볼까?"

산타클로스가 퐁 군과 퐁 양에게 얼굴을 바짝 들이밀며 말했다.

"두 사내가 굴뚝 청소를 했다. 한 사내는 얼굴이 새까맣게 되어 내려왔고 또 한 사내는 그을음을 전혀 묻히지 않은 깨끗한 얼굴로 내려왔다. 어느 쪽 사내가 얼굴을 씻을거라고 생각하지?"
똑같은 질문이었다.
이번에는 퐁 양이 답을 알고 있다는 듯이 얼른 대답했다.
"깨끗한 남자요."
퐁 군과 퐁 양은 산타클로스의 대답을 기다렸다.
"그렇지 않단다."
"네?"
퐁 군과 퐁 양의 두 눈이 휘둥그레졌다.
"왜 그런데요?"
"두 사내는 함께 똑같은 굴뚝을 청소했지. 따라서 한 사내의 얼굴이 깨끗한데 다른 사내의 얼굴이 더럽다는 것은 있을 수 없는 일이기 때문이지."
산타클로스는 그렇게 말을 뱉기가 무섭게 선물이 가득 든 붉은 자루를 들고 일어섰다.
산타클로스가 떠난 자리에는 '뫼비우스의 띠' 라고 적힌 크림슨색 선물 상자 하나가 놓여 있었다.

겉과 안이 없는 세상

뫼비우스의 띠, 대체 그것이 무엇일까?
면에는 겉과 안이 있다. 그런데 겉과 안을 구별할 수 없는 띠가 있다. 그것이 바로 뫼비우스의 띠이다. 즉, 어디가 바깥이고 어디가 내부인지, 도저히 구별이 가능하지 않은 곡면이 바로 뫼비우스의 띠인 것이다. 굴뚝 청소를 했으나 어떤 사내의 얼굴에 검댕이 묻었는지 도통 알 길이 없는 것처럼.

뫼비우스의 띠는 19세기 독일의 수학자인 뫼비우스(Augustus Ferdinand Möbius, 1790~1868)가 발견한 기기묘묘한 띠이다. 종이는 종이인데, 겉과 안을 구별할 수가 없어서 한쪽 면밖에 존재하지 않는 뫼비우스의 띠. 일단, 그것을 만들어 보자.

뫼비우스

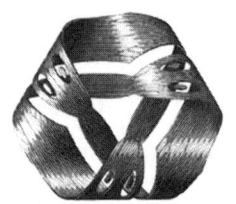 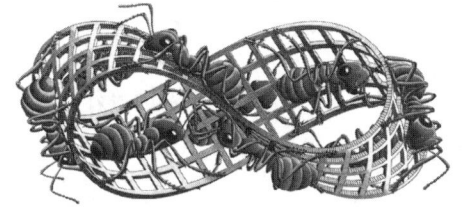

에셔의 작품

(1) 평평한 종이를 길쭉한 직사각형으로 오린다.

(2) 각각의 모서리에 숫자 1, 2, 3, 4를 적는다.

(3) 모서리 3과 4를 한 번 비튼다.

(4) 비튼 모서리 3과 4를 모서리 1과 2에 이어 붙인다. 즉 1은 4, 2는 3에 맞붙인다.

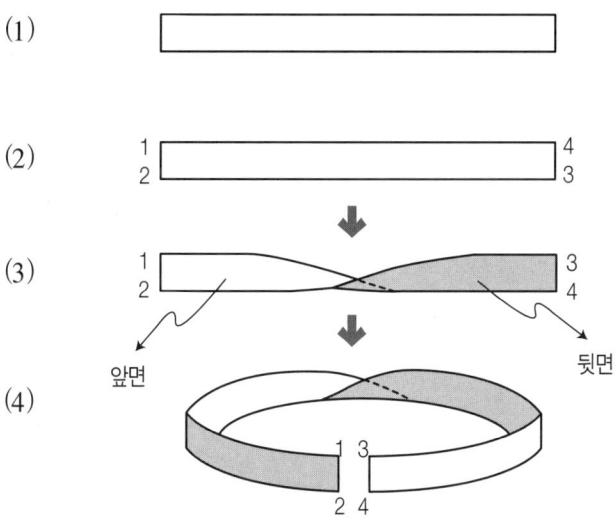

(1)~(4)의 방법대로 하면 〈그림 1〉과 같은 뫼비우스의 띠가 생긴다.

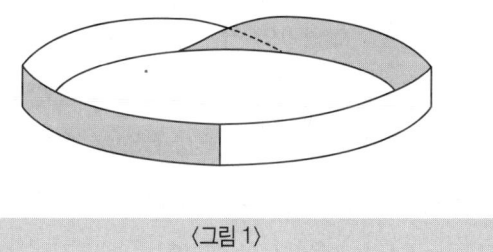

〈그림 1〉

뫼비우스 띠의 성질 1

띠의 면을 따라서 돌 경우, 보통의 띠는 한쪽 면만 지날 수밖에 없다. 안이든 바깥이든 한쪽 면만 말이다. 하지만 뫼비우스의 띠는 사정이 다르다. 일반적인 띠와는 달리, 겉과 안을 전부 돌고서 제자리에 도착하게 된다.

그러함은 물감을 묻힌 붓으로 색깔을 칠해 가면서 띠의 둘레를 지나가면 더욱 분명해진다. 보통의 띠는 바깥이든 안이든 한 면만 색을 칠할 수 있으나, 뫼비우스의 띠는 안과 밖 모두 색을 칠할 수가 있다. 〈그림 2〉처럼 말이다.

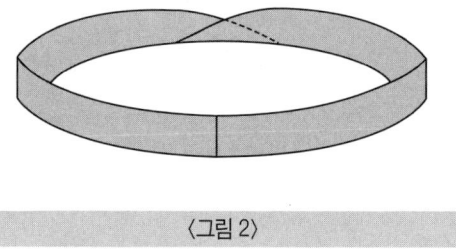

〈그림 2〉

띠의 이러한 특성을 실생활에 아주 유용하게 이용한 곳이 방앗간이었다. 예전에는 곡식을 찧거나 떡가루를 빻는 방앗간이 동네 어귀마다 한 곳씩 있었는데, 명절이 다가오면 그곳은 밀려드는 일감으로 몹시 바빴다. 그 시절 방앗간의 곡식 찧는 기계는 거의 대개가 축과 축을 연결하는 고리로서 검정 고무벨트를 이용하며 한결같이 한 번 엇갈려 감아서 사용했다.

그냥 감아서 사용하면 한 쪽 면만 반복적으로 사용하게 돼, 그 면만 닳게 되어 오래 사용하지 못하게 되는 단점이 있는데, 뫼비우스의 띠 형태로 한 번 비틀어서 사용하면 겉과 안을 골고루 이용할 수가 있어서 그만큼 오래 쓸 수가 있는 것이다.

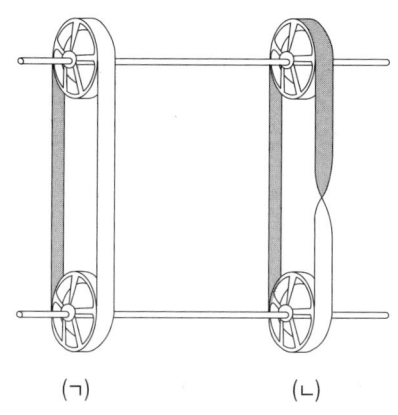

(ㄱ) (ㄴ)

(ㄱ) 띠를 엇갈려서 사용하지 않으면 한 쪽면만 닳게 된다.
(ㄴ) 띠를 엇갈려서 사용하면 양쪽면이 닳게 되어 오래 쓸 수가 있다.

뫼비우스 띠의 성질 2

그렇다면 띠를 한 번 더 비틀면 어떻게 될까?

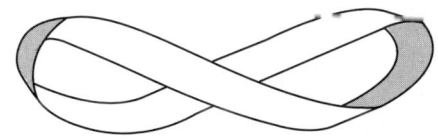

띠를 두 번 비틀면 비틀지 않은 것과 다르지 않게 된다. 즉, 꼬이기만 비비 더 꼬여서 엉킴이 복잡해졌을 뿐이지, 앞뒤 양면이 구분되어진다는 건 보통의 띠와 같아지게 되는 것이다. 그래서 띠의 면을 따라서 돌게 되면, 앞 뒤 양면을 다 거치고 제자리로 돌아오는 것이 아니라, 보통의 띠처럼 한쪽 면만 지나서 원점으로 되돌아오게 된다.

이처럼 띠를 무조건 많이 비틀어 꼬았다고 해서 기기묘묘한 특성을 갖는 새로운 띠가 만들어지는 것은 아니다. 비튼 횟수에 관계없이 그 결과는 항상 보통의 띠 아니면 뫼비우스의 띠 가운데 하나가 될 뿐이다.

뫼비우스 띠의 성질 3

이번에는 종이로 만든 뫼비우스의 띠를 가위로 잘라 보자. 뫼비우스 띠 중간 부근에 줄을 긋고, 그 길을 따라서 종이를 잘라 보자.

어떤 결과가 나타났는가?

보통의 띠라면 당연히 둘로 나뉘어질 것이다. 그러나 뫼비우스의 띠는 다르다. 기묘한 비틀림 때문에 하나의 띠로 이어진 기다란 새로운 줄이 나타난 것이다. 놀라운 일이 아닐 수 없지 않은가.

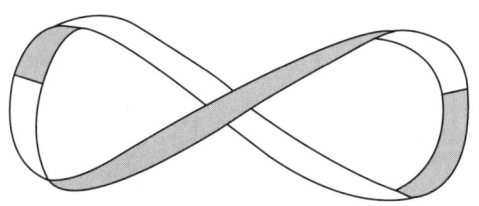

그렇다면 한 걸음 더 나아가서, 면에 두 개의 금을 긋고 자르면 어떻게 될까? 더 길어진 줄이 생겨날까?

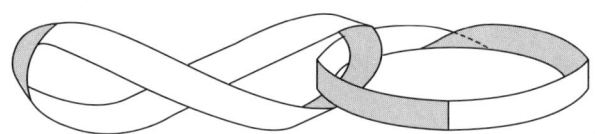

아니다. 언뜻 생각하기에는 그렇게 될 듯도 싶지만, 두 개의 고리가 생성된다. 기다란 뫼비우스의 띠와 맞물리는 또 다른 작은 띠가 하나 더 생기는, 쉬이 예상하기 어려운 모양이 만들어지게 된다.

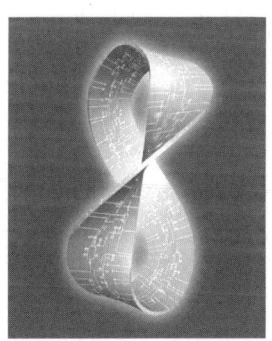

모든 지도는 4가지 색으로 색칠이 가능하다

4색 문제

고민에 빠진 Mr. 퐁

경제가 참으로 어렵다. 불경기가 대한민국을 온통 혼란스러이 뒤흔들고 있다. 그것은 지도 제작자에게도 예외가 아니어서 수입 의존도가 높은 펄프와 원재료비가 하늘 높은 줄 모르고 폭등했다.

Mr. 퐁은 중소기업 규모의 지도 제작업체를 꾸려 나가고 있다. 한 푼이라도 경비를 아끼려는 악착같은 노력은 한시도 그의 뇌리를 떠난 적이 없었다.

Mr. 퐁을 위시한 회사 중역들이 간부실에 모여서 숙의가 한창이다.

"불경기 한파가 시베리아의 냉기류 만큼이나 세차게 몰아쳐 오고 있습니다. 경비 절감 차원에서 우리 회사도 나름의 대비책을 세워야겠습니다. 최소의 비용으로 지도를 제작해야겠는데 여러분의 고견 부탁드립니다."

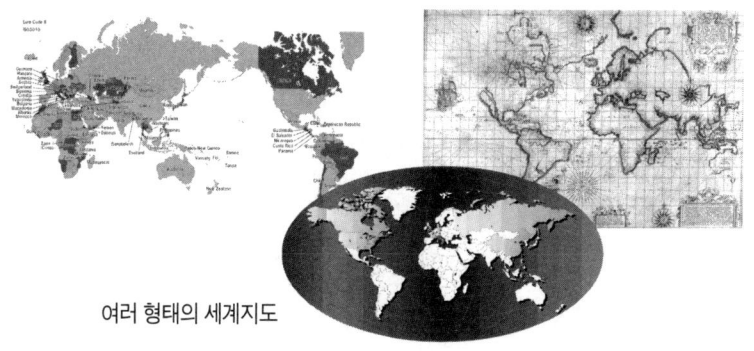

여러 형태의 세계지도

Mr. 퐁이 의미심장한 표정을 지으며 자리에 앉았다.

"종이 값이야 우리가 좌지 우지할 수 있는 것이 아니니 만큼 인쇄비 쪽에서 절약하는 방법을 찾아야 할 듯싶습니다."

전무 이사가 견해를 피력했다.

"저도 그 쪽으로 가는 게 정도가 아닌가 마음을 굳히고 있던 터였습니다."

상무 이사가 전무를 지지했다.

"다른 의견들 내놓으시죠."

Mr. 퐁이 의견 개진을 독려했다.

그러나 더 이상의 의견은 나오지 않았다.

"모이신 분들의 생각이 인쇄비를 아끼자는 쪽으로 모아지는 듯싶습니다. 대표이사인 저도 그 쪽으로 방향을 잡는 것에 적극 찬성합니다."

Mr. 퐁은 일단 그렇게 결론을 내려놓고 자신의 생각을 조리있게 늘

2. 기묘한 도형의 세상

어놓았다. 그의 뜻은 대충 이러했다.

"지도 속에 들어가는 국가마다 각기 다른 색으로 화려하게 칠하는 것이 보기에 좋을 것임은 두말 할 나위가 없습니다. 하지만 여러분들도 알다시피 우리 회사의 경제적인 여건상 제작비를 물 쓰듯 하면서 지도를 제작할 수는 없습니다. 그래서 인쇄비를 아끼자는 데 의견의 일치를 보았습니다. 그러자면 무엇보다도 색을 경제적으로 사용해야 할 것입니다. 한 가지 색을 더 추가할수록 그만큼 비용이 많이 먹히게 되고 드는 공 또한 적잖을 것이기 때문입니다. 따라서 되도록이면 적은 색을 사용하고도 이웃 나라끼리는 구분이 되게끔 표시할 수 있으면 안성맞춤일 듯싶습니다. 그렇게만 할 수 있으면 지도로서의 효과도 크게 훼손되지 않고 경비도 최소로 줄일 수 있을 터여서 일석이조가 될 것입니다."

이에 대해 참석자들도 동의를 표했다. 그들은 나름의 생각을 허심탄회하게 내놓았다.

"바다는 파랑으로 통일한다고 쳐도 200여 개에 달하는 전세계 국가를 모두 뚜렷하게 나타내자면 적어도 스무 가지 색 이상은 필요할 거라고 판단됩니다."

상무 이사의 주장이었다.

"대폭 줄여서 열 가지 색이면 충분하리라고 생각됩니다."

전무 이사의 뜻이었다.

그 외에 백여 가지 색은 되어야 가능할 것이라는 발표도 있었고, 열 색 이하로도 충분하다는 의견도 있었다.

최소의 색감을 사용하여 인쇄비를 아껴야 한다는 데에는 회의 참석자들의 생각이 모두 일치했으나, 실제로 중요한 세부 사항에 들어가서는 그렇게 의견이 분분한 것이었다.

'이거 혼란스럽군!'

Mr. 퐁은 누구의 생각을 선택해야 할지 고민에 빠지지 않을 수 없었다.

몇 색이면 충분할까?

Mr. 퐁의 고민을 덜어주도록 해보자. 몇 색이면 지도 제작이 가능할까?

이러한 문제를 놓고 처음으로 고민한 사람은 영국의 수학자 케일리(A. Cayley, 1821~1895)였다. 그는 몇 개의 국가가 등장하든 4가지 색이면 완벽한 색칠이 가능하다고 주장했다.

케일리

〈그림 1〉은 3가지 색, 〈그림 2〉와 〈그림 3〉은 4가지 색이 사용되었다.

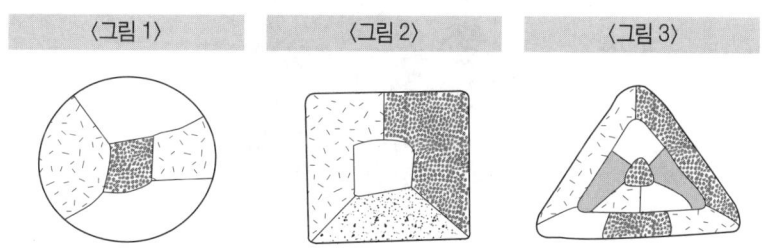

2. 기묘한 도형의 세상

그렇다. 케일리의 생각대로 4가지 색으로 그릴 수 없는 지도는 없었다. 그러나 막상 그것의 증명은 그리 쉬운 일이 아니었다. 증명은 20세기 후반에 와서야 컴퓨터의 도움으로 이루어졌다. 1976년의 일이었다.

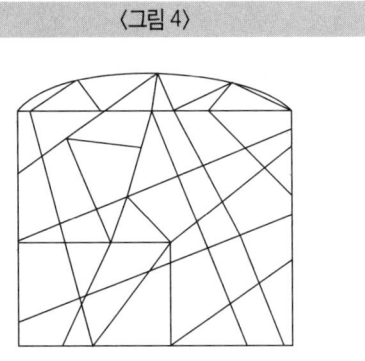

〈그림 4〉

다음의 그림(4)는 굉장히 복잡해 보인다. 그러나 이 또한 4가지 색이면 충분히 색칠이 가능하다. 한 번 도전해 보라.

〈그림 4〉 정답

내부일까, 외부일까
조르당 곡선의 특성

조르당 곡선

밀가루 반죽이나 찰흙 같은, 점성과 탄성이 좋은 물질을 한 움큼 뜨어 내어서 손이 가는 대로 늘이고 누르고 줄이면 갖가지 모양으로 변형시킬 수 있다. 다음처럼 말이다.

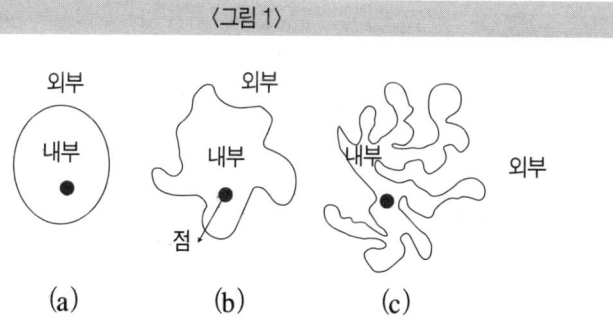

〈그림 1〉

〈그림 1〉의 (a), (b), (c)는 분명 그 모양새가 같지 않다.

그러나 그 기본 골격은 다르지 않다. 내부와 외부로 폐쇄되어 있는 기본 틀은 다르지 않다는 것이다. 다시 말해서, 검게 칠한 점이 내부에 있다는 사실은 〈그림 1(a)〉이나 〈그림 1(b)〉나 〈그림 1(c)〉가 모두 마찬가지란 뜻이다.

이처럼 겉모양새는 바뀌었어도 둥그스름한 형태에서 출발했다는 공통점을 갖는 곡선을 '조르당 곡선'이라고 한다.

조르당 곡선의 성질

조르당(M. E. C. Jordan, 1838~1922)은 점과 원의 내부와 외부의 관계를 연구한 프랑스의 수학자이다. 어찌 보면 유치하다고 볼 수 있는 조르당 곡선이 품고 있는 수학적 의미와 성질은 매우 중요하다.

조르당 곡선이 뜻하는 기본적인 내용은 이것이다.

조르당

"닫힌 곡선은 평면을 내부와 외부로 나눈다."

이러한 조르당의 정리는 꼬불꼬불 뒤틀린 곡선의 어떤 부분이 내부인지 외부인지를 살피는 데 매우 유용하다. 곡선의 안과 밖을 구분할 수 있는 근거는 다음의 원리에 따른다.

1. 닫힌 곡선의 안에서 밖으로, 또는 밖에서 안으로 나가고 들어가기 위해서는 반드시 곡선을 지나야 한다. 그런데 그때 만나는 횟수는 어김없이 홀수 번이다. 〈그림 2〉의 (1)처럼 말이다.
2. 안에서 안으로, 또는 밖에서 밖으로 오고 가기 위해서는 짝수 번만큼 곡선을 지나야 한다. 〈그림 2〉의 (2)처럼 말이다.
3. 종합해서 말하면, 외부에서 줄을 그어 곡선과 만나는 횟수가 홀수 번이면 그 점은 도형의 내부, 짝수 번이면 외부에 있는 것이다. 단, 〈그림 3〉처럼 외부에서 그은 선이 곡선과 접하는 경우는 만난 횟수에서 제외한다.

〈그림 2〉

〈그림 3〉

(1) 안에서 밖으로, 밖에서 안으로 항상 홀수 번 만나게 됨

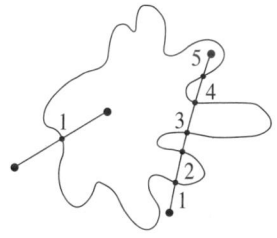

(2) 안에서 안으로, 밖에서 밖으로 항상 짝수 번 만나게 됨

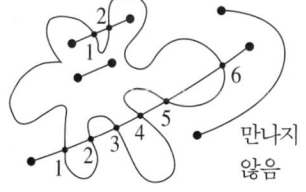

접한경우는 횟수에서 제외한다

조르당 정리의 적용

그러면 조르당의 정리를 눈이 핑핑 돌 듯이 어지럽게 그려진 곡선에 적용해 보자.

〈그림 4〉는 둘둘 말린 정도가 혀를 내두를 만한 곡선이다. 점 ㄱ)과 점 ㄴ)은 도형의 내부에 있는가 외부에 있는가?

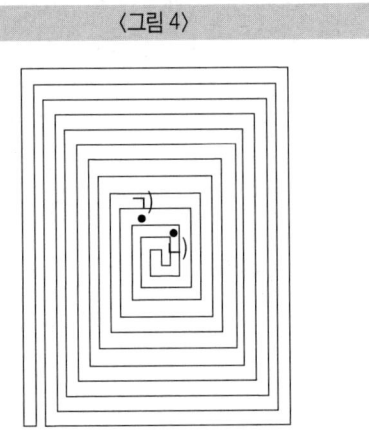

〈그림 4〉

조르당의 원리대로 차근히 따라서 해보자.

우선 도형의 외부에서 점 ㄱ)과 점 ㄴ)에 줄을 긋는다. 그리고 만난 횟수를 세어 보자. ㄱ)은 10번, ㄴ)은 11번 만났다. 즉, 점 ㄱ)은 짝수 번, 점 ㄴ)은 홀수 번만큼 만난 것이다. 그러므로 점 ㄱ)은 외부, 점 ㄴ)은 내부에 있다.

이러한 결과를 믿지 못하겠으면, 인내를 가지고 끈기있게 길을 따라 들어가 보아라. 조르당 정리의 예측이 틀리지 않다는 걸 알 수 있을 것이다.

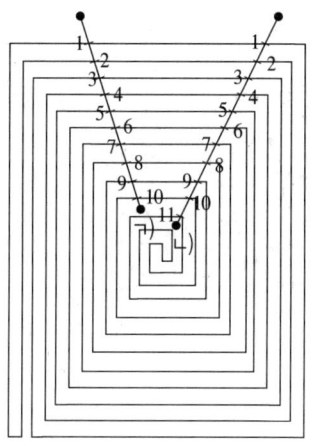

〈그림 4〉 정답

조르당 곡선의 응용

조르당 곡선은 미로와 밀접한 관계가 있다. 현대 문명사회에서 미로는 더할 나위 없이 중요한 문제다. 그저 소일거리나 심심풀이로 마주하는 아이큐 테스트의 차원을 넘어서 있다.

라디오, 텔레비전, 컴퓨터의 내부를 열어 보아라. 전자회로가 얼기설기 얽혀 있는 것이 미로나 다를 바 없다. 또한 인간과 닮은 로봇을 만들고 감정이 있는 인공지능 컴퓨터를 제작하기 위해선 복잡다단한 전자회로의 도움이 없이는 불가능하다.

컴퓨터 내부

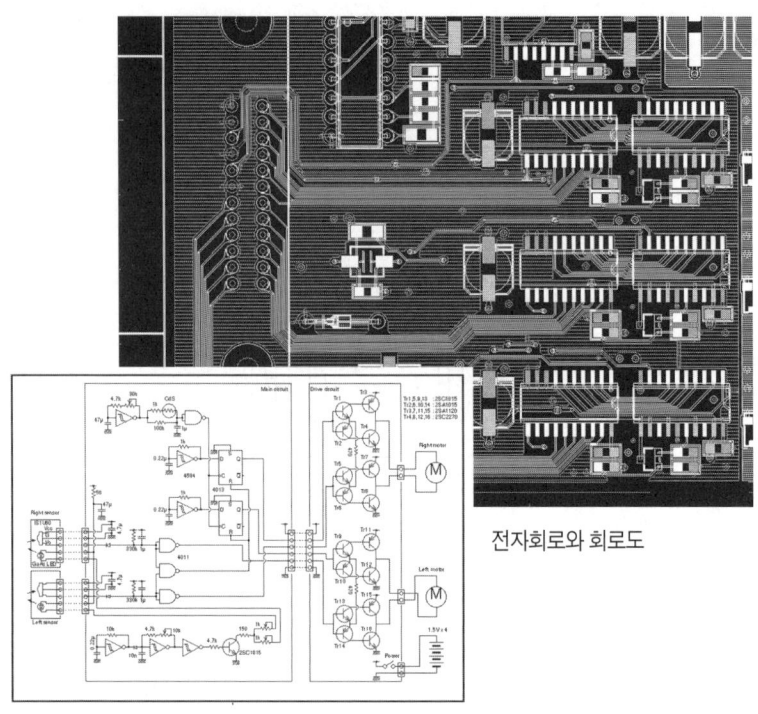

전자회로와 회로도

그러한 미세하고 복잡한 전자회로에서 저항이나 스위치가 내부에 있는지 외부에 있는지를 곧바로 파악하려면 조르당의 원리를 이용하면 된다. 이때 조르당 정리의 유용성이 유감없이 발휘되는 것이다.

또한 조르당의 원리는 보다 고차원적인 도형을 연구하는 현대 기하학, 즉 위상기하학에서 탁월한 효능을 발휘한다.

아르키메데스의 유언에 담긴 뜻
원기둥에 내접한 구와 원뿔

아르키메데스의 죽음

서양의 고대 과학자들 가운데 첫손에 꼽을 만한 인물을 들라 하면 고대 그리스의 대학자요 발명가인 아르키메데스를 선택하는 데 그 누구도 주저하지 않는다. 지렛대의 원리, 포물선의 연구, 원주율의 연구, 부력의 발견, 각종 무기의 발명… 등등 그의 업적은 실로 대단하다.

그러한 아르키메데스에게는 화려한 명성만큼이나 적지 않은 에피소드가 전해 내려온다.

아르키메데스

아르키메데스가 그의 조국인 시라쿠사 왕의 명을 받들어 부력을 발견한 이야기는 유명하다. 피곤에 지친 심신을 달래기 위해서 목욕탕에 갔다가 물이 탕 밖으로 넘쳐 흐르는 현상에서 부력의 원리를 발견하고 너무도 기쁜 나머지 실오라기 하나 걸치지 않은 몸으로 "유레카, 유레카(Eureca, 발견했다)"를 외치며 거리를 활보했다는 그 역사적인 이야기 말이다.

또한 아르키메데스는 이승과 뜻하지 않게 결별하는 그 순간에도 극적인 일화를 남기며 떠났다.

로마제국의 침략을 받은 시라쿠사의 운명은 이제 바람 앞에 선 등불이었다. 적군은 물밀 듯이 쳐들어왔고 아군은 모래성이 무너지듯 맥없이 허물어졌다. 더는 어찌해 볼 도리가 없었다.

아르키메데스는 모든 것을 체념하고 땅에 원을 그리며 골똘히 생각에 잠겨 있었다. 그때 투구를 쓰고 검을 허리에 찬 로마 병사가 아르키메데스 앞을 지나가다 아르키메데스가 그린 도형을 밟으려고 했다.

그러자 아르키메데스가 고개를 쳐들며 이렇게 호통을 치는 것이었다.
"이 그림은 건드리지 마라!"

그 소리가 어찌나 우렁찼던지 로마 병사는 엉겁결에 옮기던 발걸음을 멈추지 않을 수 없었다. 그러나 얼떨떨한 놀람은 잠시뿐이었다. 로마 병사는 이내 정신을 가다듬고 이렇게 내뱉는 것이었다.

"아니 뭐 이런 시건방진 시라쿠사 늙은이가 다 있어. 세상이 어떻게 바뀌었는지도 모르고서 말이야."

오랜 전쟁을 겪으면서 거칠 대로 거칠어진 어투였다.

로마 병사는 그의 말대로 시건방진 시라쿠사 노인 때문에 몹시도 열을 받았는지 욕설을 내뱉는 것에 그치지 않았다. 말을 그렇게 내뱉기가 무섭게 허리에 차고 있던 날카롭게 날이 선 칼을 빼어 든 것이었다. 그리고는 전광석화처럼 아르키메데스를 향해 검을 휘둘렀다.

아르키메데스의 죽음에 관한 그림

묘비에 새긴 유언

"뭐라구, 대학자 아르키메데스가 죽었다구!"

로마군 사령관 마르켈루스(Marcellus, Marcus Claudius)는 아르키메데스의 사망 소식을 전해 듣고 몹시 가슴 아파했다.

'안타깝도다.'

비록 아르키메데스가 적군이기는 하였으나 마르켈루스는 그의 재능을 진심으로 존경하고 있었던 것이다.

마르켈루스

'마지막 가는 길이라도······.'

마르켈루스는 저 세상으로 떠나 버린 위대한 과학자의 마지막 길에 자신이 해줄 수 있는 것이 없을까 곰곰이 생각해 보았다.

'영혼을······.'

마르켈루스는 졸지에 불귀의 객이 되어 버린 아르키메데스의 영혼을 달래주는 쪽을 선택했다.

"이 봐라!"

마르켈루스가 부하를 불렀다.

수석 부하가 곧바로 들어왔다.

"부르셨습니까, 사령관님."

수석 부하가 고개를 넙죽 꺾었다.

"아르키메데스의 영혼을 위로해 주고 싶은데 어떤 방법이 좋겠느냐?"

마르켈루스가 물었다.

"제가 듣기로는 아르키메데스가 죽기 전에 가족들에게 유언을 남겼다고 합니다. 그 유언을……."

"그래 유언의 내용이 무엇이냐?"

마르켈루스가 부하의 말을 중간에서 끊으며 다급히 물었다.

"그런데 그 유언이란 게 좀……."

부하가 말을 잇지 못하고 머뭇거렸다.

그러자 마르켈루스가 그를 다그쳤다.

"아니 왜 말을 못하고 그러느냐. 아르키메데스가 전세계의 황금을 다 달라기라도 했단 말이냐?"

"그게 아니고 유언이 형이상학적인 듯……."

"형이상학적이고 형이하학적이고 빨리 말해 보거라."

마르켈루스는 다시 한 번 부하의 말을 끊으며 대답을 재촉했다.

부하가 대답한 아르키메데스의 유언이란 다음과 같은 것이었다.

〈내가 이승을 떠나거든, 원기둥에 구와 원뿔이 내접한 기하학적 도형을 묘비에 새겨 달라.〉

1 : 2 : 3의 수학적 조화

원기둥에 내접한 구와 원뿔.

아르키메데스는 왜 이런 유언을 남긴 것일까? 필시 거기에는 언뜻 파악키 어려운 아름다움이 숨어 있을 터이다. 수학적으로 멋들어지고 조화로운 아름다움이 말이다.

내접한다는 것은 안에 꽉 들어찬다는 뜻이다. 그러므로 원기둥에 내접한다는 것은 다음 그림과 같은 모양이 된다는 의미다.

그림에서 보면, 구와 원기둥이 내접하면 구의 지름과 원기둥의 밑면 지름 그리고 원기둥의 높이가 같아진다는 걸 알 수 있다. 따라서 원기둥의 밑면 반지름을 R, 높이를 H라고 하면 2R=H이기 때문에 원기둥과 구와 원뿔의 부피는 이렇게 된다.

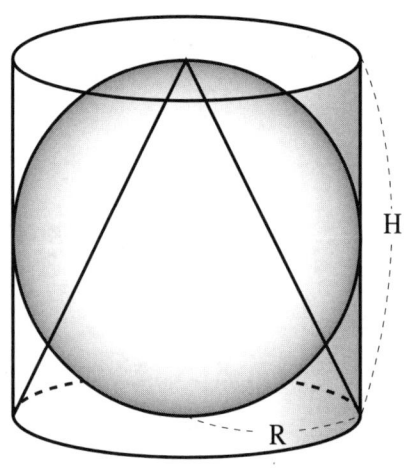

원기둥의 부피 : $2\pi R^3$

구의 부피 : $\dfrac{4}{3}\pi R^3$

원뿔의 부피 : $\dfrac{2}{3}\pi R^3$

이 세 도형의 부피 비를 따져 보자.

원기둥의 부피 : 구의 부피 : 원뿔의 부피

$2\pi R^3 : \dfrac{4}{3}\pi R^3 : \dfrac{2}{3}\pi R^3 = \dfrac{6}{3}\pi R^3 : \dfrac{4}{3}\pi R^3 : \dfrac{2}{3}\pi R^3$

$= 6 : 4 : 2 = 3 : 2 : 1$

그렇다. 이 도형들 사이에는 1:2:3이라고 하는 조화로운 수학적 정수비가 멋들어지게 함축돼 있는 것이다. 아르키메데스는 바로 이 1:2:3이라는 수학적인 조화를 발견하고 그 아름다움에 흠뻑 취한 것이었다.

광활한 공간 그리고 끝없이 이어지는 우주에는 이런 수학적인 조화로움이 무수히 아름답게 어우러져 있다.

원주율을 찾아라
원주율

원주율에 도전

고대 그리스의 학자들은 입을 모아 원과 구를 이렇게 칭송했다.

"원은 어느 쪽이나 어느 각도에서 바라보아도 다르지 않은 모양이다. 그러함은 구도 마찬가지다. 그런 까닭에 이 세상에서 원이나 구보다 더 조화롭게 만들어진 완벽한 도형은 있을 수 없다."

고대 서양의 학문을 체계적으로 완성하고 정리한 대학자 아리스토텔레스도 원과 구에 대해서 찬사를 아끼지 않았다.

"자연계에서 가장 신성한 도형은 다름 아닌 원과 구이다. 그래서 신은 태양과 달을 비롯한 우주에 존재하는 모든 천체를 구형으로 창조했고, 그들의 공전 궤도를 원이 되게 한 것이다."

그처럼 신성한 원과 구였던 까닭에 그들의 둘레와 면적을 알려는 시도는 예부터 끊이지 않았다.

"원의 둘레는 지름의 3배다."

이것은 일찍이 경험적으로 터득해서 알고 있었던 사실로, 나무의 둘레를 재어야 하는 필요성에서 얻어진 결과였다. 하지만 이 방법으로 정밀한 결과를 얻을 수는 없었다. 왜냐하면 알고 있다시피, 원의 둘레는 지름에 원주율(3.14…)을 곱한 값이어서 0.14…배만큼 차이가 생기기 때문이다.

원의 둘레가 지름의 3배와 같지 않다는 엄연한 사실은 원 속에 정육각형을 그려 넣은 다음의 〈그림 1〉에서 간단히 확인할 수 있다.

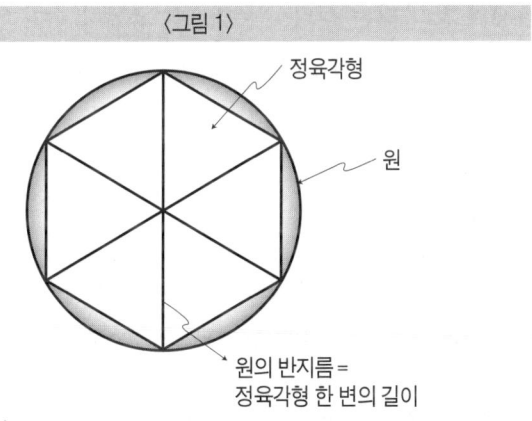

〈그림 1〉
정육각형
원
원의 반지름 = 정육각형 한 변의 길이

〈그림 1〉에서 정육각형의 한 변의 길이는 원의 반지름과 같다. 그러므로 정육각형의 둘레는 원의 지름의 3배와 똑같다. 그런데 정육각형의 둘레는 원에 포함되어 있으니 분명 원의 둘레보다 짧다.

> 원의 지름 = 2×원의 반지름
> 3×원의 지름 = 6×원의 반지름
>   = 6×정육각형 한 변의 길이
>   = 정육각형의 둘레

그러나 나무가 원처럼 매끈하게 둥근 것은 아니다. 그런 까닭에 원의 둘레를 계산하는데 지름의 3배를 곱해도 얼추 비슷한 결과를 얻을 수는 있다. 하지만 그렇더라도 완벽하게 둥근 원의 둘레와 면적을 구하는 데 지름의 3배를 곱하는 정도로는 불충분하다.

그래서 사물의 이치를 합리적으로 조목조목 따져 묻기 좋아하고 논리적 완벽성을 추구하는 고대 그리스의 학자들에게 '원의 둘레는 지름의 3배와 같다'라는 식의 대충대충은 용납될 수가 없었다. 그들이 원주율의 정확한 계산에 뛰어든 이유였다.

아르키메데스의 방법

고대 그리스 최대의 과학자 아르키메데스는 원주율의 계산에도 크나큰 기여를 했다. 그는 다음과 같은 방법으로 원주율에 도전했다.

> (1) 원을 그린다.
> (2) 원의 외부를 정확히 감싸는 정사각형을 그린다.
> (3) 원의 내부에 꽉 들어차는 정사각형을 그린다.

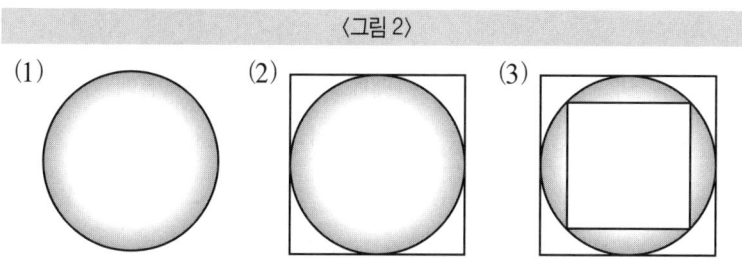

　〈그림 2〉의 (1)~(3)을 보면 원의 넓이는 외부를 둘러싼 정사각형과 내부의 정사각형 사이의 값이 된다. 그러나 정사각형과 원 사이의 공간이 너무 크다. 그래서 아르키메데스는 원의 내부와 외부에 정육각형을 그려넣었다. 〈그림 3〉처럼 말이다.

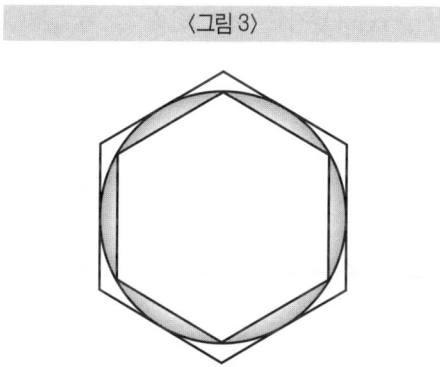

　〈그림 3〉은 예상한 바대로 〈그림 2〉보다 벌어진 간격이 좁다. 정육각형이 정사각형보다 원에 더 밀착하기 때문이다.
　이로부터 우리는 중요한 한 가지 사실을 알 수가 있다.

〈변의 개수가 많은 정다각형일수록 원에 더 바짝 다가간다.〉

그렇다. 바로 이 원리를 아르키메데스는 원주율의 계산에 적용했다. 즉, 원에 점점 더 다가가는 도형을 얻기 위해서 아르키메데스는 (1)~(3)의 방법으로 정다각형을 계속 그리고 또 그려 나간 것이다. 그는 그러한 작업을 정96각형까지 끈기 있게 이어 나갔다.

아르키메데스가 얻은 결과

그와 같은 결코 간단치 않은 노력 끝에 아르키메데스가 얻은 결과는 다음과 같은 것이었다.

〈원의 면적은 $\{\frac{223}{71} \times$ 반지름 $\times$ 반지름$\}$과
$\{\frac{22}{7} \times$ 반지름 $\times$ 반지름$\}$ 사이의 값이다.〉

즉, 원의 면적은 다음과 같다는 사실을 아르키메데스는 알아낸 것이다.

원의 면적 = $\{\frac{223}{71} \times$ 반지름 $\times$ 반지름$\}$ ~
$\{(\frac{22}{7}) \times$ 반지름 $\times$ 반지름$\}$ ⋯(가)

그런데 우리가 알고 있다시피 원의 정확한 면적은 다음과 같다.

원의 면적 = 원주율 × 반지름 × 반지름 ⋯(나)

(가)와 (나)는 모두 원의 면적을 구하는 공식이다.

그러므로 아르키메데스가 발견한 공식 (가)와 원의 면적 공식인 (나)를 비교하면 이렇게 되어야 한다.

〈원주율은 ($\frac{223}{71}$)과 ($\frac{22}{7}$) 사이의 값이다.〉

이들의 값을 계산하면 다음과 같다.

($\frac{223}{71}$) = 3.140845⋯

($\frac{22}{7}$) = 3.142857⋯

이렇게 해서 아르키메데스는 원주율이 '3.140845⋯와 3.142857⋯' 사이의 값이 되어야 한다는 사실을 밝혔다.

소숫점 아래 500자리 근방까지 계산한 원주율을 다음에 실었다.

3.1415926535897932384626433832795028841971693993751058209749445923078164062862089986280348253421170679821480865132823066470938446095505822317253594081284811174502841027019385211055596446229489549303819644288109756659334461284756482337867831652712019091456485669234603486104543266482133936072602491412737245870066063155881748815209209628292540917153643678925903600113305305488204665213841469519415116094330572703657595919530921861173819326117931051185480744623799627495673518857527248912279381830119491298336733…

이 표에 제시한 것 이상의 원주율 값이 궁금하면 다음의 인터넷 사이트를 들어가보면 궁금증을 만족스럽게 해결할 수 있을 것이다.
http://www.hepl.phys.nagoya-u.ac.jp/~mitsuru/pi-e.html

일상과 원주율

원주율은 한없이 계산해도 끝이 나타나지 않는 무리수이다. 그 값은 슈퍼 컴퓨터의 도움을 빌려서 무한정 계산할 수 있지만, 소수점 아래 10자리 이상 계산하여 사용하는 것은 실용적으로는 별 의미가 없다.

달에 우주선을 보내는 현대의 정밀 과학에서조차 3.1416 정도면 충분하다.

아폴로 11호

이집트의 지오메트리

이집트의 기하학

지오메트리의 뜻

티그리스-유프라테스 강의 메소포타미아 문명, 인더스 강의 인도 문명, 황하 강의 중국 문명과 함께 세계 4대 문명의 한 곳으로 꼽는 곳이 나일 강을 낀 이집트 문명이다.

이집트는 기후에 있어서는 그다지 큰 혜택을 받지 못한 국가다. 대부분의 지역이 불볕 더위에 방치돼 있는 사막 기후여서 건조하고 기온이 몹시 높다. 더구나 서부나 남부 지방은 수년 간 비가 내리지 않는 일이 허다하다. 그나마 지중해 연안과 나일 강 주변이 자연의 혜택을 받고 있다는 것이 불행 중 다행이라 하겠다. 그러니 만큼 나일 강이 이집트에서 차지하는 비중은 실로 대단하다. '이집트는 나일 강이 가져

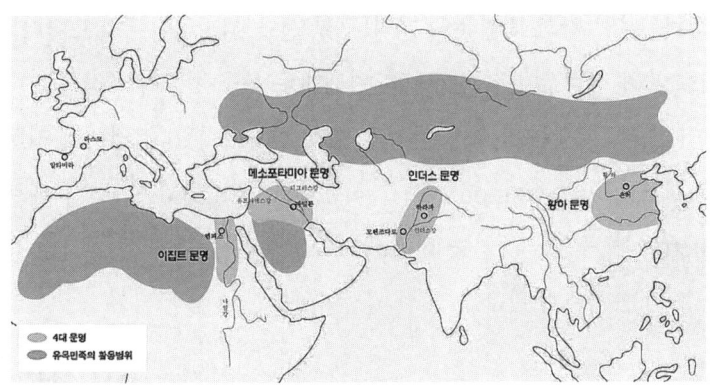

다준 선물이다'라는 말은 결코 과장이 아닌 것이다.

적도 부근의 아프리카 오지에서 발원하여 지중해로 흘러드는 총 길이 6,690km에 달하는 세계 제2의 강이며 아프리카 최대의 강인 나일 강은 엄청난 양의 물을 하류로 흘려 보내 대홍수를 일으킨다. 연례 행사처럼 해마다 일어나다시피 하는 이 자연 재해는 상류의 비옥한 흙을 실어다 날라 주어 나일 강 일대를 옥토로 변모시켜 농사에 큰 도움을 준다.

그러나 한 가지 이로운 점이 있으면 그에 따르는 해악도 있게 마련인 법. 나일 강의 범람은 옥토에 상응하는 막대한 피해를 하류 일대에 안겨주었다.

그러다 보니 홍수로 입은 피해를 적절히 고려하여 공정하게 세금을 거둬들이기 위해서는 두뇌의 활용이 필요하게 되었다. 즉, 홍수로 잃어버린 농작물의 양을 정확히 계산하기 위해서 수학 지식이 절실했던 것이다. 이집트의 파피루스에 적힌 단위 분수는 그러한 필요가 낳은 산물이었다.

또한 나일 강의 범람은 농지의 구획 선을 여지없이 무너뜨렸다. 홍수로 쓸려 지워 없어진 경계선은 원래대로 복구시켜 다시 정확히 나누어야 했고, 그것은 도형적 지식의 발전으로 이어졌다. 영어로 기하학을 지오메트리(geometry)라고 하는데, 지오(geo)는 토지, 메트리(metry)는 측량을 뜻하는 단어로 지오메트리는 그래서 '토지를 측량한다' 라는 의미가 된다.

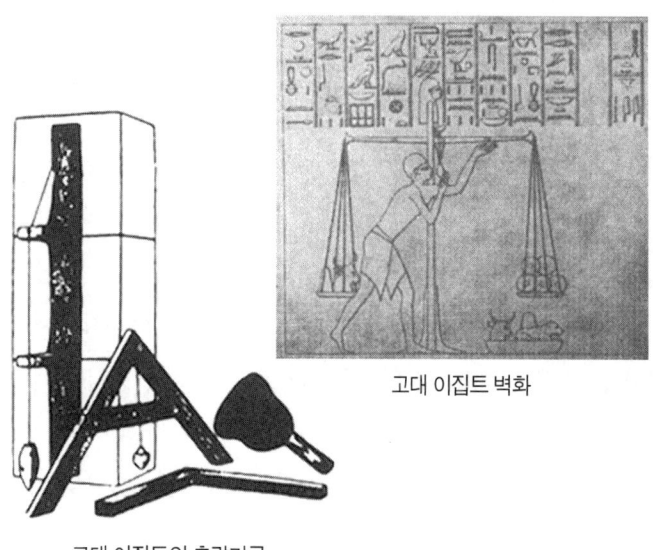

고대 이집트 벽화

고대 이집트의 측량기구

경험으로 터득한 기하학

고대 이집트인들은 삼각형의 세 변의 길이가 3, 4, 5가 되면 대변(가장 긴 변)을 마주 보는 각이 직각이 된다는 사실(피타고라스의 정

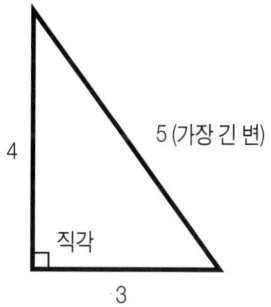

리)을 이미 기원전에 똑똑히 알고 있었다. 그들은 이 지식을 피라미드와 같은 대형 건축물을 축조하는 데 유용하게 활용했다.

그러나 아쉬운 점은 그들의 기하학적 지식이 경험적이었다는 것이다. 즉, 논리적이고 체계적으로 쌓아올린 탄탄한 지식이 아니라, 일상에서 얻은 경험을 통해 얼기설기 끌어다 맞춘 조각 지식인 것이었다. 다시 말해서, 생활 속 여기저기서 끌어다 모아 대충대충 조합한 다소 기초가 튼튼하지 못한 지식인 것이었다. 그러다 보니 체계적으로 성장하는 데 한계가 따를 수밖에 없었던 것이다. 그러나 그리스인은 달랐으니…….

정통 기하학의 밑거름이 되다
그리스의 기하학

이집트 기하학과의 차이

이집트의 기하학은 삶 속에서 부딪칠 때마다 그 때 그 때 고민해서 취득한 경험적 지식이었다.

"피라미드를 흔들림 없이 세우려면 직각을 구하는 방법을 알아야 한다."

"이번 홍수로 피해를 본 토지의 총면적은 얼마나 될까?"

"직사각형 논을 정사각형으로 바꾸고 싶은데, 가로와 세로의 길이를 어떻게 정해야 할까?"

이처럼 이집트의 기하학은 하나 하나를 놓고 보면, 그 모두가 그럴 듯하게 쓸모있는 지식이다. 하지만 전체적으로는 체계적이지 못한 취

약한 개별 지식이었다. 그래서 이집트의 기하학이 오랜 경험을 통해서 쌓은 적잖은 노력의 결정체였음에도 불구하고, 하나의 완성된 틀로 공고히 뭉쳐질 수가 없었던 것이다. 한마디로 말해, 이집트의 기하학은 통일성이 없어서 큰 힘을 발휘하기 어려운 토막 지식에 불과할 따름인 것이었다.

그렇다면 고대 그리스의 기하학은 어떤가.

이집트와 지중해를 사이에 두고 있는 고대 그리스는 서구의 과학 체계를 마련한 지식의 보고였다. 최초의 자연철학자인 탈레스를 비롯하여 소크라테스, 플라톤, 아리스토텔레스, 피타고라스, 유클리드, 아르키메데스 등등 내로라 하는 지성의 선각자들 대부분이 그곳 출신이다. 그래서 고대 그리스를 과학의 탄생지라고 일컫는 것이다. 현대 과학의 뿌리를 확고부동하게 구축하고 있는 합리화, 논리화, 체계화, 법칙화 그리고 실험과 관찰이 모두 그들이 일궈낸 산물이다.

탈레스

유클리드

그렇다고 고대 그리스인이 그 모든 지식을 독자적으로 이루어 낸 것은 아니다. 그들은 상당한 지식을 이집트에서 배웠다.

그러나 고대 그리스인들은 습득해 온 지식을 그대로 들여와서 아무런 생각 없이 낱알처럼 무의미하게 사용하진 않았다. 겉보기에는 아무런 연관이 없을 듯싶은 이집트의 토막 지식을 한데 묶어서 체계화하고 통일시키는 데 아낌없는 노력을 끊임없이 기울인 것이었다.

그러한 열정이 이집트인과 그리스인의 차이였으며, 서구 과학의 시조가 이집트가 아니라 그리스이게끔 한 결정적 요인이었다.

그리스인의 사색 방법

"정삼각형은 세 변이 같다."
"이등변 삼각형의 두 밑각은 같다."
"정삼각형의 각은 60°로 같다."
"변의 길이가 3, 4, 5이면 직각 삼각형이다."

이런 기하학적 지식은 이집트인도 일찍이 알고 있는 내용이었다. 하지만 그들은 그 정도에 머무르며 만족했다. 이 모두가 삼각형에 관련된 지식들이었음에도 그들은 이것을 통합하여 이용해 보려는 노력을 기울이지 않았다.

그러나 그리스인은 달랐다. 그들은 어울림이 없을 듯한 이런 하나하나의 지식을 꼼꼼히 따져 묻고 깊이 있게 사색하면서 짜임새를 갖춘 통일된 지식으로 발전시켜 나갔다.

예를 들어 이런 사색의 과정을 거치면서 말이다.

"정삼각형이 될 수 있는 조건은 무엇일까?"
"정삼각형과 이등변 삼각형은 어떤 연관성이 있을까?"
"이등변 삼각형은 직각 삼각형을 포함할까?"
"정삼각형, 이등변 삼각형, 직각 삼각형을 하나로 묶는 틀은 없을까?"

그리스 사고의 구체적인 사례 하나

그러면 좀더 구체적으로 들어가서 그리스인이 하나의 정리를 이끌어낸 과정을 차근히 더듬어 보자.

이집트인은 다음의 지식을 알고 있었다.

"직각 삼각형이 될 수 있는 조건은 세 변의 길이가 3, 4, 5일 때이다."

메소포타미아인은 한 걸음 더 나아가서 다음과 같은 지식을 깨닫고 있었다.

"직각 삼각형이 될 수 있는 조건은 세 변의 길이가 3, 4, 5일 때에 국한되지 않는다. 세 변의 길이가 5, 12, 13일 때도 가능하다."

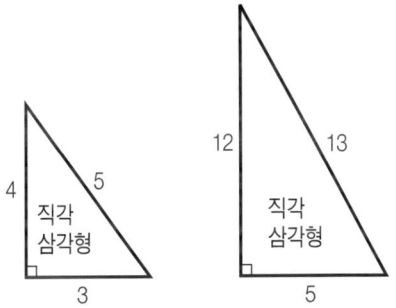

그리스인은 이집트인과 메소포타미아인이 익히 알고 있는 이런 낱낱의 지식을 곰곰이 따져 물었다. 그리고는 왜 그런 결과가 나왔는지를 자문하며 발전적 방향으로 생각을 이어갔다.

"3, 4, 5와 5, 12, 13 사이에는 어떤 이어짐이 있을 듯싶은데?"

그러한 열정적 고민 끝에 그리스인은 다음과 같은 관계가 성립한다는 사실을 발견했다.

$3^2 + 4^2 = 5^2$

$5^2 + 12^2 = 13^2$

즉, 3, 4, 5와 5, 12, 13 사이에 제곱의 관계가 멋들어지게 이어지고 있다는 위대한 생각에 도달한 것이다. 필시, 이 정도로 만족해도 흡족할 법했다. 그러나 그리스인의 지식욕은 지칠 줄을 몰랐다. 그들은, 3, 4, 5와 5, 12, 13에서 얻은 결과를 일반화하는 노력을 경주하였다. 그리고는 다음과 같은 의미 있는 법칙을 발견하였다.

"A, B, C라는 임의의 세 수에 대해 'A² + B² = C²' 이라는 관계가 성립하는 삼각형은 직각 삼각형이다."

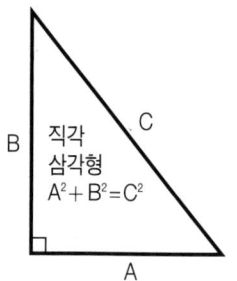

그뿐이 아니었다. 그리스인은 이러한 사실도 알아내었다.

"직각 삼각형의 세 변 가운데 가장 긴 변을 마주보는 각은 직각이다."

이것이 앞 이야기 '피타고라스의 정리' 이다.

이러한 끝없는 사색의 과정이 있었기에 오늘날의 기하학이 굳건히 자리를 잡을 수 있었던 것이다.

아폴로 신과 전염병
부피가 두 배가 되는 제단

아폴로 신의 응답

기원전 5세기 무렵, 그리스의 섬 델로스.

예상치 못한 전염병이 급작스러이 돌아서 가을 바람에 낙엽 떨어지듯이 주민들이 죽어 나갔다. 자고 일어나면 쌓이는 시체로 섬은 온통 공포 분위기였다. 아무런 대책 없이 그대로 있다간 섬 전체가 사람 한 명 살지 못하는 무인도로 돌변해 버리게 될 것은 시간 문제일 듯싶었다.

어떻게 이룬 문명인데…….

그렇다. 어떻게 일군 문명인데 이렇게 허무하게 전염병 앞에 무너질 수는 없었던 것이다. 그래서 섬을 대표하는 어른들이 모여서 대책을 논의했고, 신에게 제사를 올려야 한다는 결론이 났다.

델로스 섬

섬 주민 대표를 위시하여 많은 사람들이 신전으로 달려갔다.
"아폴로 신이시여, 전염병을 없애 주소서."

아폴로 신

섬 주민들은 정성을 다해 절을 올리고 또 올렸다. 그러나 그렇게 신께 조아리면서도 내심 솟구치는 또 다른 걱정을 지울 수는 없었다.

'아폴로 신께서 신전 앞에다 순수한 황금을 산더미처럼 쌓아놓으라고 하면 어떻게 하지?'

'섬의 처녀를 단 한 명도 남김없이 바치라고 하면 어쩌지?'

하는 등등, 그들로서는 실천하기 버거운 일들을 아폴로 신이 요구하면 어쩌나 하는 우려를 그들은 너나없이 하고 있었던 것이다. 그러나 그러한 우려는 말 그대로 기우일 뿐이었다.

섬 주민들의 간곡한 요청에 아폴로 신이 이내 응답했다.

"너희들도 알다시피 신전에는 정육면체의 제단이 있느니라. 부피가 그것의 2배가 되는 제단을 만들어서 갖다 놓아라. 그러면 내 너희들의 간곡한 요청을 기꺼이 들어주겠노라."

섬 주민들은 아폴로 신의 응답에 힘을 얻었다. 아폴로 신이 요구한 조건이 그다지 어려운 일이 아니라는 데 섬 주민들은 고무된 것이었다.

나타나지 않은 아폴로 신

섬 주민들은 곧바로 제단을 제작하는 작업에 들어갔고, 별 어려움 없이 제단을 만들었다.

'이제 아폴로 신께서 전염병을 없애 주실거야.'

그들은 서둘러 제단을 신전으로 옮겼다.

"아폴로 신이시여, 신께서 요구하신 대로 제단을 바쳤습니다. 그러니 부디 전염병을 하루빨리 퇴치하여 주시옵소서."

섬 주민들은 넙죽 절을 올렸다. 그러나 아폴로 신은 나타나지 않았다.

섬 주민들은 정성이 다소 부족한 것이 아닌가 싶어 이번에는 상반신이 거의 땅에 닿도록 조아리며 빌었다. 그러나 이번에도 아폴로 신은 보이지 않았다.

"아직도 정성이 부족한 게야."

델로스 섬의 신전 유적

섬 주민들은 아폴로 신이 그들의 요구를 들어주기만을 간곡히 기다리며 또다시 절을 올리고 또 올렸다. 그러나 아폴로 신은 끝내 모습을 드러내지 않았다. 물론, 전염병도 낫게 해주지 않았다.

"우리는 약속을 지켰건만, 어떻게 이럴 수가 있지?"

섬 주민들은 어리둥절해 하지 않을 수 없었다. 아폴로 신이 그들과의 약속을 그처럼 어이없게 깰 줄은 몰랐던 것이다.

섬 주민들의 판단 착오

전염병은 전보다 더욱 기승을 부렸다. 눈에 보이지도 않은 병원균에 감염되어서 이승을 떠나는 섬 주민들의 수는 하루가 다르게 늘어만 갔다. 그렇게 나가다간 머잖아 델로스 섬에서 사람 구경을 하기란 가능하지 않을 듯싶었다.

섬 주민들은 예부터 내려오는 민간요법이란 민간요법은 모두 다 동원해 보았다. 그러나 달라진 것은 없었다. 상황은 갈수록 악화될 뿐 호전될 기미는 좀처럼 보이지 않았다.

그러자 섬 주민들 사이에 동요가 일기 시작했다.

"신전의 제단을 깨부숴 버리자!"

급기야 이런 강경론을 펴는 사람까지 나오게 되었다. 하지만 상황이 그렇게까지 되었어도 대부분의 섬 주민들은 아폴로 신에 대한 믿음을 버리려 하지 않았다.

"아폴로 신이 우리를 그렇게 몰인정하게 내동댕이치진 않을거야."

섬 주민들은 자신들의 행동을 곰곰이 되씹어 보았다.

'필시 우리가 잘못한 게 있을거야.'

아니나 다를까, 약속을 지키지 않은 쪽은 아폴로 신이 아니라 바로 그들이었던 것이다.

아폴로 신은 부피가 정확히 2배가 되는 정육면체의 제단을 만들어서 신전에 갖다 놓으라 명했고, 섬 주민들은 그 작업을 일사천리로 행동으로 옮겼다. 그들은 정육면체의 모든 변이 2배로 늘어난 새로운 제단을 정성스럽게 제작하여 신전에 갖다 바친 것이었는데, 바로 그것이 올바르지 못한 판단이었던 것이다.

부피가 2배가 되는 길이

섬 주민들은 정육면체의 모든 변이 똑같이 2배로 증가하면 부피가 정확히 2배가 되는 줄 알고서 제단을 제작하였는데, 알고 보니 그게 아닌 것이었다.

정육면체의 모든 변이 2배로 늘면 부피가 2배로 커지는 것이 아니라 자그마치 8배로 늘어난다는 사실을 그들은 그제서야 깨달은 것이다.

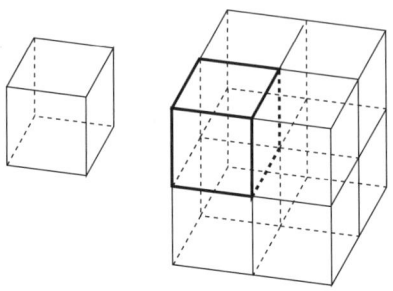

변의 길이가 2배 늘면 부피는 8배 증가

섬 주민들은 부랴부랴 새 제단의 제작에 들어갔다. 그러나 그들은 곧바로 곤란한 문제에 부딪쳤다.

'한 변의 길이를 얼마로 해야 부피가 2배가 되지?'

그들로서는 간단히 풀기 힘든 문제였다. 다급해진 섬 주민들은 대학자 플라톤을 찾아갔다.

"선생님 이 문제를 풀어주십시오."

플라톤은 힘겨운 두뇌 씨름 끝에 부피를 2배로 늘이는 방법을 알아내었다. 섬 주민들은 플라톤이 지시한 대로 제단을 만들어서 신전에 정성스러이 갖다 바쳤다. 그랬더니 전염병은 씻은 듯이 사라졌다.

부피가 2배가 되는 제단을 만드는 것, 그것이 왜 그리 힘들었을까?

부피가 2배가 되는 제단을 제작하는 일은 세제곱근을 구하는 문제와 곧바로 연결된다. 즉, 한 변의 길이를 2의 세제곱근($\sqrt[3]{2}$)배 해야만 부피가 2배가 되는 정육면체를 만들 수 있는 것이다.
그런데 당시의 숫자적 개념으로 일반인이 2의 세제곱근을 구한다는 것은 극히 어려운 일이었다.

플라톤의 탄식, 그러나

플라톤은 부피가 2배가 되는 제단을 만드는 데 성공했다. 그러나 그는 그것을 몹시 부끄러워했다. 이유는 이러했다.

"나는 아폴로 신이 델로스 섬 주민들에게 낸 문제를 해결했다. 하지만 그것은 눈금이 없는 자와 컴퍼스만을 이용해서 푼 것이 아니다. 그래서 세상에 드러내놓기가 부끄러운 것이다.

진정한 수학자란 기계의 힘을 빌리지 않고 머리 속에서 그려낸 합리적인 해법을 동원하여 산뜻한 결과를 이끌어내야 한다. 그러한 노력 속에 수학의 참다운 멋이 깃들여 있는 것이다. 그런데 나는 기계를 사용해서 그 신성한 아름다움을 더럽히고 말았으니……."

고대 그리스인들은 이성적이고 논리적인 사고를 무엇보다 중시했다. 그래서 실용적인 가치보다 이론적인 지식 체계를 높이 샀으며, 눈금이 없는 자와 컴퍼스만으로 작도하는 것에 애착을 가졌던 것이다.

그러나 플라톤의 그러한 기대는 애초부터 불가능한 것이었다. 왜냐하면 부피가 2배가 되는 정육면체를 제작하기 위해서는 2의 세제곱근을 구해야 하는데 '눈금이 없는 자와 컴퍼스' 만으로 2의 세제곱근을 작도하는 것은 가능하지 않기 때문이다.

나일 강 범람이 낳은 문제
원과 면적이 같은 정사각형

원적 문제

나일 강가에서 인류의 문명이 자연스레 움틀 수 있었던 것은 기후가 온난하고 농지에 물을 대기 편리하다는 지리적 요건 때문이었다.

그러나 강 주변에서 생활을 하다 보니 범람을 피할 수가 없었다. 연례 행사로 치러지는 강물의 넘침이 있고 난 후에는 나일 강 주변의 농토는 이전의 흔적을 찾기가 어려울 만큼 뒤죽박죽이 돼 버리곤 했다. 어디까지가 내 땅이고 어디까지가 네 영토인지 알 길이 없는 것이었다. 자연스레 기하학적인 문

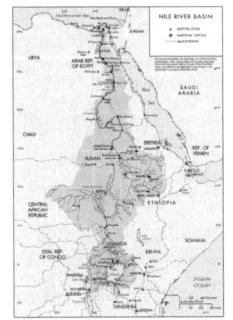

나일 강

제가 불거졌고, 그것을 해결하면서 도형적 지식이 축적되었다.

그러면서 필연적으로 대두된 것이 "원과 면적이 똑같은 정사각형을 작도할 수 있을까"라는 문제였다. 이를 가리켜서 '원적 문제'라고 한다.

원적 문제는 그처럼 실용적인 필요성에 따라서 등장하게 되었다. 물론, 원적 문제의 해결도 '부피가 2배가 되는 정육면체'에서처럼 눈금이 없는 자와 컴퍼스만을 이용해야 한다.

파피루스의 원적 문제

원과 면적이 같은 정사각형에 대한 최초의 언급은 이집트의 린드 파피루스까지 거슬러 올라간다. 린드 파피루스는 원적 문제에 대한 답을 이렇게 제시하고 있다.

> ……원과 면적이 같은
> 정사각형은 원 반지름의
> ($\frac{16}{9}$)배를 정사각형의
> 한 변으로 하면……

그럼 이 설명대로 계산을 해보자.

원의 면적은 알다시피 '반지름×반지름×원주율'이다. 계산의 수고를 덜기 위해서 원의 반지름을 1이라고 하면 이 공식에 따라 원의 면적은 다음과 같이 된다.

원의 면적
= 1×1×원주율
= 원주율
= 3.14…

반면 정사각형의 면적은 '변의 길이×변의 길이'이다. 원의 반지름을 1로 정했으므로 공식에 의해 정사각형의 한 변의 길이는 이렇게 된다.

정사각형 한 변의 길이 $= 1 \times \dfrac{16}{9} = \dfrac{16}{9}$

왜냐하면 린드 파피루스에서 정사각형의 한 변의 길이를 원의 반지름의 $\dfrac{16}{9}$배로 한다고 했기 때문이다. 따라서 정사각형 한 변의 길이가 결정되었으므로, 정사각형의 면적은 다음과 같이 된다.

정사각형의 면적
= 변의 길이×변의 길이
$= \dfrac{16}{9} \times \dfrac{16}{9}$
$= 3.16…$

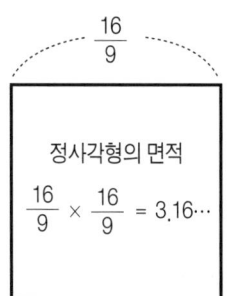

원적 문제에 도전

린드 파피루스가 제시한 대로 계산을 해본 결과 원과 정사각형의 면적은 엇비슷했다. 하지만 둘의 면적이 3.14…와 3.16…으로 완벽하게 일치하지는 않는다.

그러므로 "왜 이런 차이가 발생할까"라는 궁금증이 이는 것은 당연했다. 더구나 고대 그리스의 학자들은 한 번 의구심이 생긴 것을 풀지 않고서는 도저히 편안히 잠자리에 들지 못하는 사람들이 아닌가.

원적 문제에 매료당한 고대 그리스의 학자들은 그래서 완벽한 답을 찾고자 노력했다. 그것도 수치적인 계산이 아닌 눈금이 없는 자와 컴퍼스만을 이용한 도형적 방법으로 말이다.

내로라 하는 그리스의 대학자들이 원적 문제에 매달렸다. 이렇게도 작도해 보고 저렇게도 작도해 보았다. 생각해 낼 수 있는 모든 아이디어를 다 동원하여 도형을 그려 보고 또 그려 보았다.

그러나 답으로 가는 길은 좀체 그 명확한 모습을 드러내 보여주지 않았다. 고대 그리스의 학자 그 누구도 눈금이 없는 자와 컴퍼스만을 사용해서 원과 면적이 똑같은 정사각형을 그려내지는 못한 것이었다.

하지만 그렇다고 해서 원적 문제가 수학자들의 관심권에서 멀어진 것은 아니었다. 그 후에도 원적 문제는 잠시도 수학자들의 관심권 밖으로 밀려난 적이 없었다.

원과 똑같은 면적을 가지는 정사각형을 작도할 수 있는지 없는지에 대해 이렇다 저렇다 하는 딱히 결정된 사항이 없었기 때문에, 수학자들의 호기심은 쉼 없이 움직이는 바퀴처럼 결코 멈출 수가 없었다. 원적 문제의 해결은 불가능하다,라고 누군가가 딱 부러지게 증명하여 못을 박아 놓았다면 원적 문제와의 머리 싸움은 그 뒤로 계속 이어지지는 않았을 터이다. 그러나 그에 대해서 '가능하다, 불가능하다'라고 내려진 명확한 결론이나 증명이 없었던 까닭에, 수많은 수학자들이 끊임없이 원적 문제를 풀기 위해서 그 후로도 줄기차게 매달리게 될 수밖에 없었던 것이다. 원래 쉽게 해결되는 건 그다지 큰 매력을 느낄 수 없는 것이잖은가.

원적 문제의 해결

그러던 중에 원적 문제에 대한 결론이 났다. 원적 문제를 기하학적으로 해결하고자 했던 노력이 시도된 지 근 2천여 년이 흐른 19세기에 들어와서였다.

독일의 수학자 린데만(Lindemann, 1852~1939)은 원적 문제의 해결이 가능하지 않다는 사실을 다른 시각에서 찾아내었다.

린데만

"눈금이 없는 자와 컴퍼스만으로 작도할 수 있는 것은 유리수(분수로 나타낼 수 있는 수)일 때뿐이다."

이것이 바로 린데만이 알아낸 결과였다.

원주율(3.141592…)은 어떠한 방법으로도 유리수가 될 수 없는 수

(무리수)이다. 그러한 수를 초월수라고 하는데, 원주율은 원적 문제를 해결할 수 없는 초월수였던 것이다.

이렇게 해서 고대 그리스 시대 이후로 수학자들의 머리를 한시도 편안하지 못하게 한 원적 문제가 산뜻하게 결말을 보게 되었다.

후세 사람들은 눈금이 없는 자와 컴퍼스만을 들고 원적 문제를 해결하려고 했던 사람들을 가리켜서 '원적학자'라고 불렀다.

그러나 그 용어는 시간이 흐를수록 변질되어 '원적병자'라는 좋지 않은 뜻으로 변했다. 즉, 수학적 지식이 부족하면서도 무작정 이렇게 하면 되겠지 하는 마음만 갖고 종이와 시간을 낭비하는 사람들을 가리켜서 원적병자라고 부르기 시작한 것이다. 오늘날에는 다음과 같은 사람을 빗대어서 원적학자나 원적병자라고 한다.

〈정확한 지식도 갖추지 않고 어려운 문제를 풀겠다고 나서는 사람.〉

또는,

〈확실한 이론으로 무장돼 있지 않으면서 자기 말이 무조건 옳다고 허풍을 떠는 사람.〉

세상에서 가장 아름다운 분할
황금 분할

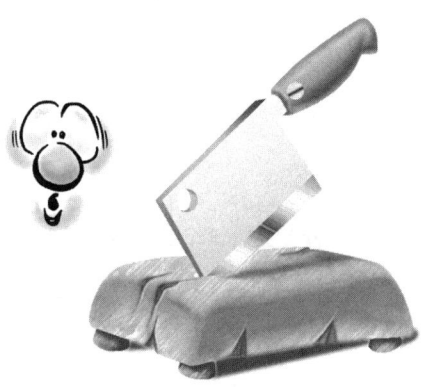

1 : 1.618

아름다운 것을 보고 아름답다고 느끼는 감정에는 남녀노소와 국경의 차이가 있을 수 없다. 그러한 감정을 뜻 깊게 표현하려는 노력은 인류가 지상에 첫 발을 내디딘 이후로 한시도 그치지 않고 이어져 왔으며 위대한 예술 작품으로 승화되어 나타났다. 예술가들은 그러한 끊임없는 시도 속에서 황금비(황금 분할)라고 하는 멋진 비례를 알아내었다.

그리스인들이 건축한 아테네의 '파르테논 신전', 레오나르도 다 빈치의 미완성 작품 '성 제롬', 프랑스의 인상파 화가 조르주 쇠라가 독특한 점묘법으로 그려낸 '라 파라드', 추상화의 대가 피에르 몬드리안

파르테논 신전

레오나르도 다 빈치의 '성 제롬'

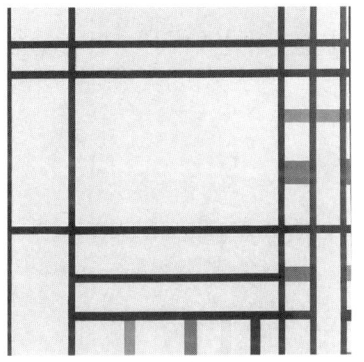
피에르 몬드리안의 '콩코르드 광장'

조르주 쇠라의 '라 파라드'

의 '콩코르드 광장' 등이 황금비의 원리가 깊숙이 담겨 있는 훌륭한 작품들이다.

황금비는 가로와 세로가 다음과 같은 비례를 갖는다.

> 가로 : 세로 = 1 : 1.618

즉, 가로와 세로가 약 5:8로 나누어지는 비례가 황금비인 것이다. 황금비는 가장 아름다운 조화를 이루는 비례로서 그러한 비율로 나누어진 형상은 균형 잡힌 느낌을 준다.

황금비를 떠받들어 숭상하다시피 한 민족은 고대 그리스인이었다. 그들은 지구상에서 가장 멋지게 조화를 이루는 비율이 황금비라 굳게 믿어 의심치 않으며 도자기, 옷, 그림, 건물 등등 그들이 형상으로 표현해 낼 수 있는 거의 모든 예술 작품에 황금비를 갖다 썼다.

그러한 황금비의 위세는 중세에 들어와서도 식을 줄을 몰랐다. 아니, 더욱 두드러졌다. 거의 신성시하였으니까.

"황금비는 신이 내린 최고의 걸작품이다!"

'신곡'이라고 하는 문학 작품으로 널리 알려진 세계적인 문호 단테는 황금비를 그렇게 격찬했다.

단테

신곡

황금비의 이용

황금비는 인류가 건축한 불가사의 가운데 하나인 피라미드에도 들어 있다. 피라미드의 변에서 중심까지 그은 길이(OM)와 능선의 길이(PM)에는 황금비가 숨어 있다. 이렇게 말이다.

피라미드의 변에서 중심까지 그은 길이, OM = 115m
능선의 길이, PM = 185m
OM : PM = 115m : 185m = 1 : 1.6

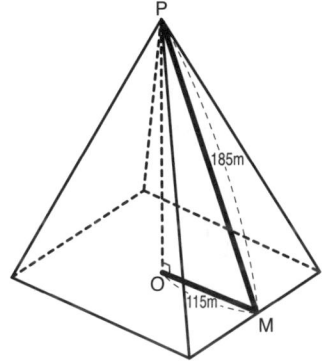

피라미드 황금비

황금비가 가장 잘 드러나는 도형은 정오각형이다. 정오각형의 대각선과 한 변의 길이는 정확히 황금비를 이룬다. 다음처럼 말이다.

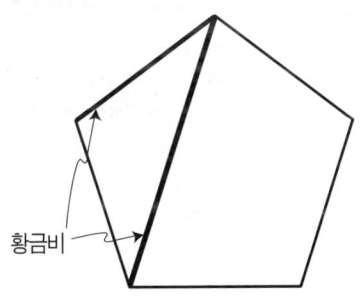

또한 정오각형의 내부에서 대각선을 그으면 한 대각선이 다른 대각선에 의해서 나누어지는데, 그 비율이 놀랍게도 황금비로 딱 떨어진다.

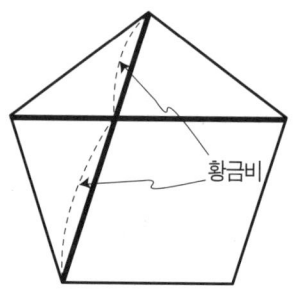

황금비는 옛사람들만이 애용한 그들만의 전유물은 아니었다. 황금비율은 오늘날까지도 끊이지 않고 생생히 이어져 내려와 실생활 거의 모든 곳에서 사용되고 있다. 공중 전화 카드, 사각 액자, 단행본, 휴대용 라디오, 카세트 테이프, 명함, 서류 가방, 담뱃갑…… 등등 헤아리기 어려울 지경이다.

황금분할의 사례

황금비 직사각형 만들기

그럼, 황금비를 갖는 직사각형을 만들어 보자.

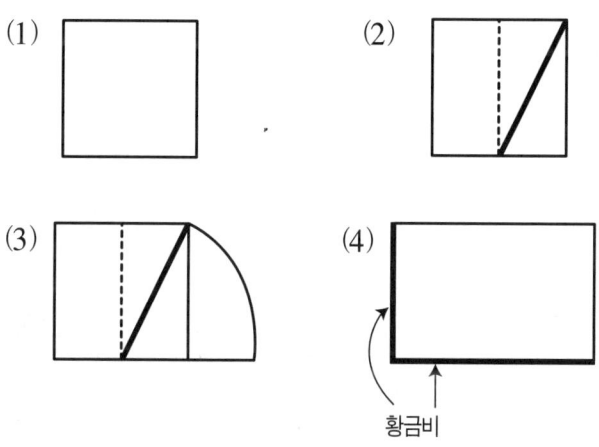

1. 정사각형을 그린다.
2. 정사각형을 절반으로 나눈다.
3. 대각선을 긋는다.
4. 대각선의 길이를 컴퍼스로 잡아 정사각형의 아래 변으로 옮긴다.

　이러한 순서를 따르면 가로와 세로의 비율이 정확히 황금비로 떨어지는 직사각형을 그릴 수가 있다.

페르가의 아폴로니우스
원뿔 곡선

원뿔 곡선의 탄생

고대 그리스에 아폴로니우스(Apollonius of Pergaeus, BC. 262?~200? 무렵)라고 하는 수학자가 있었다. 그는 아르키메데스와 어슷비슷한 시기에 활약한, 그와 쌍벽을 이루는 위대한 기하학자였다.

그런데 고대 그리스에는 '아폴로니우스'라는 이름을 가진 사람이 적지 않았다. 서사시인

아폴로니우스

아폴로니우스, 조각가 아폴로니우스, 철학자 아폴로니우스 등등. 그래서 수학자 아폴로니우스를 가리켜서 흔히 '페르가의 아폴로니우스'라

고 부른다. 그가 태어난 지방의 이름을 따서 그렇게 이름 붙인 것이다.

페르가의 아폴로니우스가 남긴 업적 가운데 가장 탁월한 것으로 인정받는 것은 원뿔 곡선론이다.

원뿔 곡선론

원뿔 곡선론은 총 8권으로 구성된 고대 최고의 과학서 중 하나로 꼽히는 명저다. 8권 중 4권은 그리스어로, 3권은 아라비아어로 전해지고 있으며, 나머지 한 권은 소실되어 전해지지 않고 있다.

원뿔 곡선론에는 기울기를 달리하여 원뿔을 자르는 내용이 담겨 있다. 그 내용을 차근차근 살펴보자.

원뿔을 자르면 단면이 생긴다. 그때 잘린 단면의 가장자리를 따라서 원, 타원, 포물선, 쌍곡선 등과 같은 다양한 곡선이 만들어지는데 그러한 곡선을 가리켜서 '원뿔 곡선'이라고 한다.

원뿔을 다양한 각도로 자른 그림이 〈그림 1~4〉에 나타나 있다.

〈그림 1〉처럼 원뿔을 밑면에 나란히 자르면 단면은 원이 된다.
〈그림 2〉처럼 어슷하게 자르면 타원이 만들어진다.
〈그림 3〉처럼 더 기울여서 원뿔의 경사면과 같은 각으로 자르면 포물선이 나타난다.
〈그림 4〉처럼 원뿔을 하나 더 거꾸로 이어 붙이고 밑면에 수직하게 자르면 쌍곡선이 생긴다.

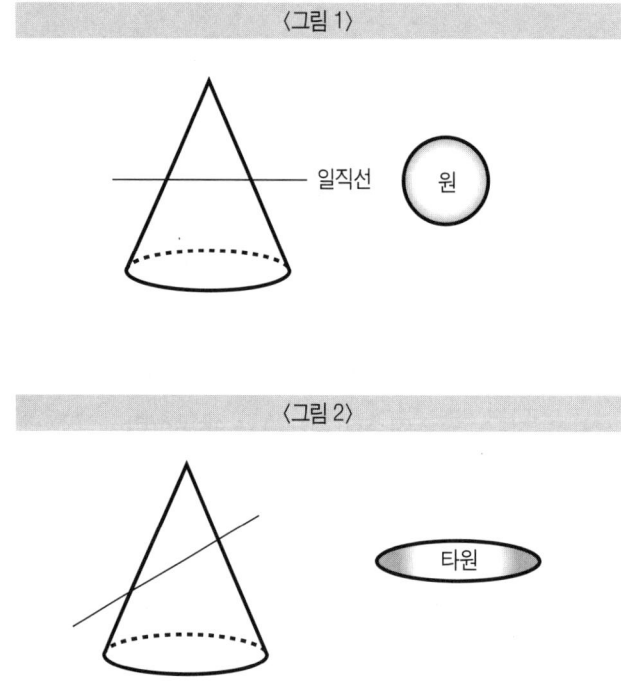

〈그림 3〉

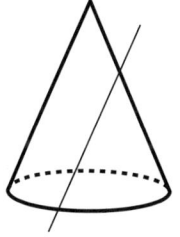

〈그림 4〉

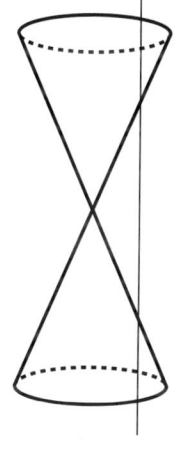

원, 타원, 포물선 그리고 쌍곡선은 원뿔 곡선을 이런 식으로 자르면 자연스럽게 탄생하게 되는 것이다.

이름이 붙은 연유

타원, 포물선, 쌍곡선이 생기는 각 원뿔을 다음과 같이 자를 때이다.

> 타원 : 원뿔의 경사각보다 작을 때
> 포물선 : 원뿔의 경사각과 같을 때
> 쌍곡선 : 원뿔의 경사각보다 클 때

그런데 그리스어로 보다 작다, 같다, 보다 크다라는 뜻을 갖는 단어는 ellipsis, parabale, hyperbole이다.

> ellipsis : 보다 작다
> parabale : 같다
> hyperbole : 보다 크다

그래서 아폴로니우스는 타원, 포물선, 쌍곡선에 ellipsis, parabale, hyperbole라는 이름을 붙인 것이다.

> 타원 : 보다 작다, ellipsis
> 포물선 : 같다, parabale
> 쌍곡선 : 보다 크다, hyperbole

이것이 변형되어 오늘날에는 다음과 같은 이름으로 자리잡게 된 것이다.

타원 : ellipse
포물선 : parabola
쌍곡선 : hyperbola

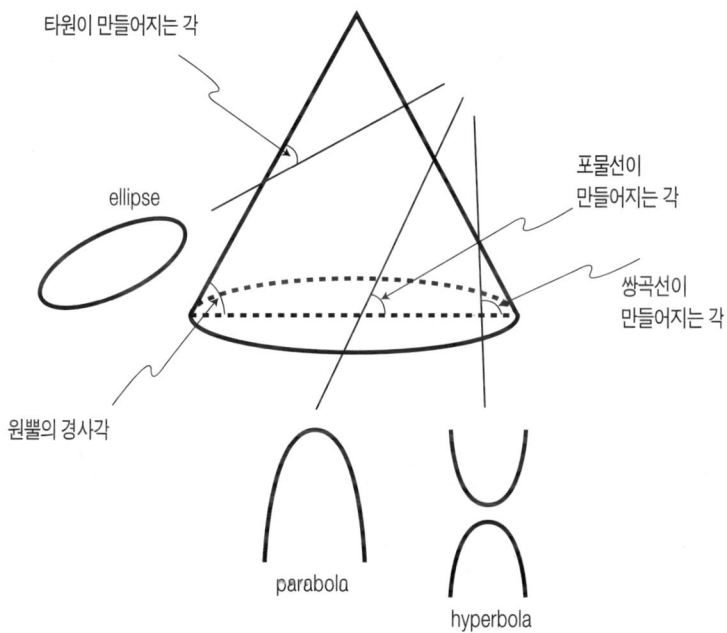

몇 채의 주택이 필요할까

오일러의 수

주택 설계 의뢰

M은 유명한 주택 설계사이다. 남들은 불경기다 해서 일거리가 예년의 3분의 1에도 미치지 못하고 있다는 등 하소연이 줄을 잇고 있지만 M과는 거리가 먼 남의 이야기이다. 그녀는 실력만 있으면 어떠한 경제 한파가 밀려와도 살아 남을 수 있다는 걸 똑똑히 보여 주고 있는 유능한 여성 설계사인 것이다.

어제 하루만 해도 그렇다. 아래 윗 사무실들은 모두 파리를 날리는 형국이었으나 M은 무려 세 건의 건축 설계 의뢰를 받았다.

한 건은 M이 회사에 출근하자마자 받은 의뢰였다.

"길이가 200m인 길에 산을 배경 삼아서 20m 간격의 일직선으로 전원 주택을 지어주세요."

또 한 건은 고등학교를 정년 퇴임한 선생님들이 모여서 만든 단체에서 의뢰한 수주였다.

"둘레가 200m인 호수가 있습니다. 그 호수 둘레로 20m 간격으로 주택을 건축해 주세요."

그리고 또 다른 하나는 M이 퇴근하려고 가방을 드는 순간 걸려온 전화에서였다.

"두 개의 호수를 사이에 둔 둘레가 100m인 길이 있습니다. 그 호수 길을 따라서 20m 간격으로 전원 주택을 아름답게 설계해 주세요."

M은 각각의 경우에 몇 채씩의 전원 주택을 지어야 할까?

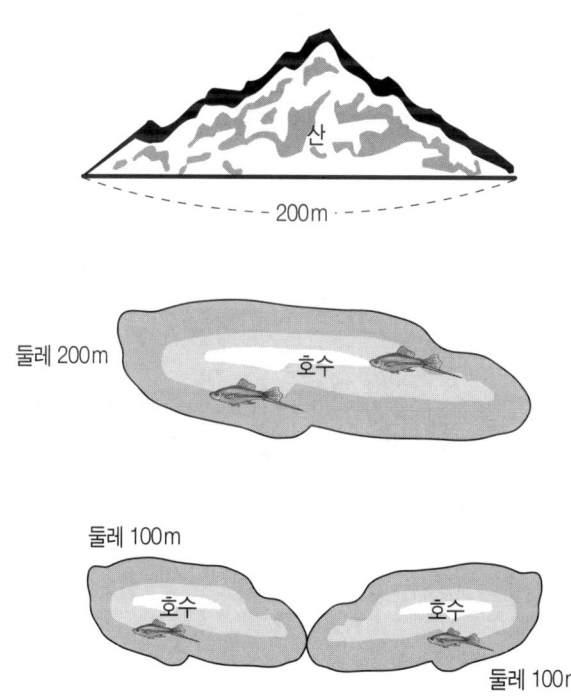

단순한 발상이 통하지 않음

얼핏 생각하면 세 경우 모두 10채씩의 전원 주택을 건축해야 할 듯싶다. 길이가 200m인 데다가 20m마다 전원 주택을 한 채씩 지어야 하므로, 그것은 당연한 예상인 듯싶다. 다음과 같은 단순한 계산에 따르면 말이다.

$$\text{건축할 주택의 수} = \frac{\text{땅의 길이}}{\text{간격}} = \frac{200}{20} = 10$$

그러나 안타깝게도 이런 단순한 발상이 여기서는 통하지 않는다. 왜냐하면 각각의 경우에 모양과 어우러진 규칙이 달리 존재하는 까닭이다.

의뢰자들이 요구한 각각의 방식대로 전원 주택을 그려 보면 다음의 그림과 같게 된다.

〈그림 1〉

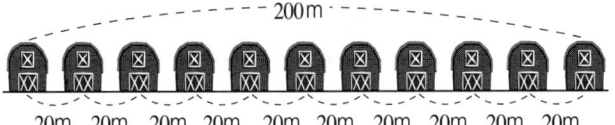

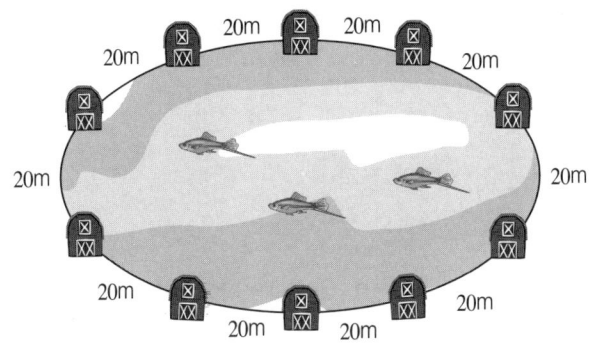

〈그림 2〉

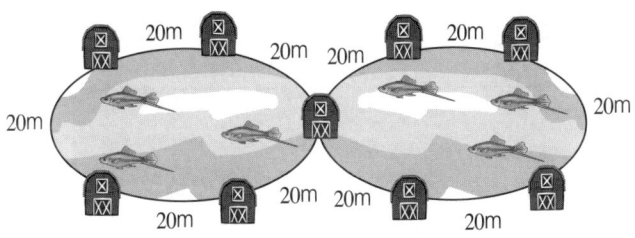

〈그림 3〉

그렇다. 모두 10채 씩이 아니라, 첫번째는 11채, 두 번째는 10채, 세 번째는 9채가 들어가야 그들이 요구한 조건이 충족되는 것이다.

그러나 이 결과를 꼼꼼히 살펴보면, 그것이 결코 10이란 숫자와 무관하지 않다는 점을 발견할 수 있다. 즉, 첫번째는 10에 1을 더한 셈이고, 두 번째는 0을 더한 셈이며, 세 번째는 1을 뺀 셈이기 때문이다. 모르긴 몰라도 뭔가 의미심장한 규칙이 있어 보인다.

꼭지점, 모서리 그리고 면

그러면 좀더 알기 쉽도록 각각의 경우를 점과 선을 이용하여 이렇게 간단히 표현해 보자.

점은 집, 선은 집 사이의 간격

이런 약속에 따라서 〈그림 1, 2, 3〉을 다시 나타내 보면, 〈그림 1〉은 〈그림 4〉로, 〈그림 2〉는 〈그림 5〉로, 〈그림 3〉은 〈그림 6〉으로 바뀌게 된다.

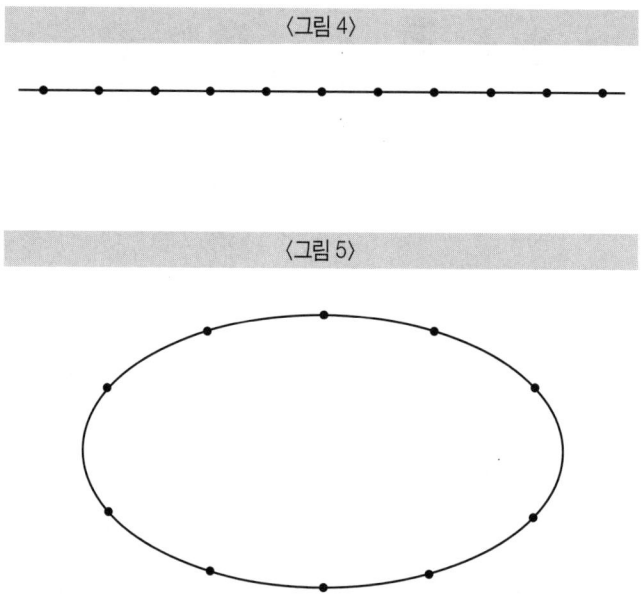

〈그림 4〉

〈그림 5〉

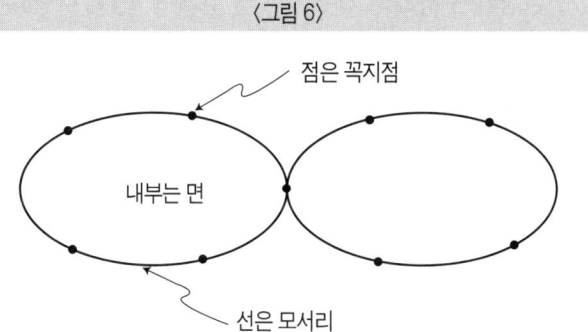

〈그림 6〉

또한 한 걸음 더 나아가서 〈그림 4, 5, 6〉에 표시한 점들과 선과 내부가 꼭지점과 모서리와 면을 대신한다고 약속하자. 이렇게 말이다.

점은 꼭지점, 선은 모서리, 내부는 면

그러면 각각의 경우 꼭지점과 모서리와 면의 수는 이렇게 된다.

	꼭지점의 수	모서리의 수	면의 수
그림 4	11	10	0
그림 5	10	10	1
그림 6	9	10	2

오일러의 표수

이 결과를 잘 살펴보아라. 어떤 관계가 떠오르지 않는가?

그렇다. 〈그림 4, 5, 6〉의 꼭지점과 모서리와 면의 수 사이에는 그냥 무심히 지나쳐 넘길 수 없는 관계가 숨어 있는 것이다.

우선, 꼭지점과 모서리의 개수는 이런 관계가 있다. 그림4는 꼭지점의 개수가 모서리의 수보다 하나 더 많고, 〈그림 5〉는 꼭지점과 모서리의 수가 같으며, 〈그림 6〉은 꼭지점이 모서리의 수보다 하나 더 적다.

반면, 그림4는 면이 없고, 〈그림 5〉는 면이 하나, 〈그림 6〉은 면이 둘이다.

그렇다면……. 그렇다. 꼭지점의 수에서 모서리의 수를 빼고 면의 수를 더하면(꼭지점의 수−모서리의 수+면의 수), 그 결과가 1로서 모두 똑같아진다. 다음처럼 말이다.

꼭지점의 수 − 모서리의 수 + 면의 수
〈그림 4〉 = 11 − 10 + 0 = 1
〈그림 5〉 = 10 − 10 + 1 = 1
〈그림 6〉 = 9 − 10 + 2 = 1

즉, 이로부터 다음과 같은 의미심장한 결과가 탄생하게 된다.

(꼭지점의 수) − (모서리의 수) + (면의 수) = 1

여기에서 '(꼭지점의 수)−(모서리의 수)+(면의 수)'를 가리켜서 '오일러의 표수'라고 부른다.

오일러(Leonhard Euler, 1707~1783)는 '해석학의 화신', '최고의 수학자'라고 불리는 수학사의 거물 중 거물이다.

오일러

다양한 오일러의 표수

오일러의 표수는 모양새가 직선이냐, 면이냐, 입체이냐에 따라서 다양하게 달라진다.

예를 들어 앞의 경우에 있어서 오일러의 표수는 모두 1이었다. 하지만 정사면체, 정육면체, 정팔면체, 정십이면체, 정이십면체 등과 같은 입체는 오일러의 표수가 공통적으로 2가 된다. 다음처럼 말이다.

	꼭지점의 수	모서리의 수	면의 수
정사면체	4	6	4
정육체면	8	12	6
정팔면체	6	12	8
정십이면체	20	30	12
정이십면체	12	30	20

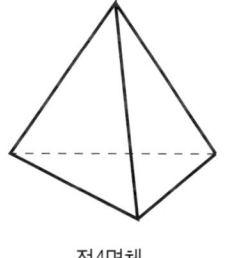
정4면체

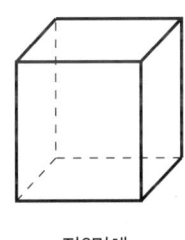
정6면체

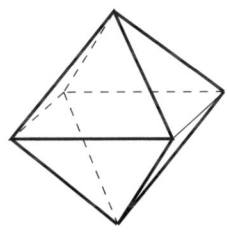
정8면체

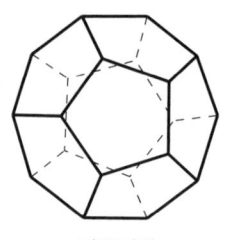 

정12면체   정20면체

오일러의 표수[(꼭지점의 수) − (모서리의 수) + (면의 수)]
정사면체 $= 4 - 6 + 4 = 2$
정육체면 $= 8 - 12 + 6 = 2$
정팔면체 $= 6 - 12 + 8 = 2$
정십이면체 $= 20 - 30 + 12 = 2$
정이십면체 $= 12 - 30 + 20 = 2$

오일러의 표수는 위상 기하학이란 분야에서 멋들어지게 응용되는 수학의 중요한 정리 가운데 하나이다.

L의 이자 갚는 법
도형을 이용한 이자 계산

이자는 얼마

불경기 시대, 모든 것이 국민의 목을 옥죄고 있다. 그 중의 하나, 금리가 너무 높아서 꾼 돈의 이자를 갚지 못하겠다고 여기저기서 아우성이다. 그러함은 중도금을 내지 못해 얼마간의 돈을 떼이는 아픔까지 감수하면서도 아파트 청약을 포기하는 사례가 늘고 있어서 심각한 사회 문제로까지 번지고 있다. 참으로 안타까운 현실이다.

L도 그러한 곤경에 빠져 있다.

'달리 방도가 없구나!'

L이 5촌 당숙을 찾아갔다. 그는 부동산 임대업을 하는 알부자다.

"마지막 잔금만 치르면 새 아파트에 입주할 수 있는데 돈이 모자랍니다. 아저씨. 1천만 원만 빌려 주세요."

L의 어투는 절박함 그 자체였다.

"우리 예쁜 조카가 돈이 없어서 아파트에 입주하지 못한다면 안 될 말이지."

당숙은 그렇게 말을 하고는 알부자답게 즉석에서 1천만 원을 금고에서 꺼내어 L에게 건네주었다.

L은 이 어려운 시기에 그렇게 선뜻 돈을 빌려 주는 당숙이 고마웠다. 그녀는 몇 차례나 고맙다는 의사를 표했다.

"나중에 살 만해지면 찬찬히 원금이나 갚거라."

당숙은 연신 고개를 꾸벅이는 L에게 그렇게 말했다.

그러나 당숙의 말에도 불구하고, L은 연리 25%의 고금리로 계산해서 이자까지 꼬박꼬박 갚겠다고 했다. 그런데 그녀가 제시한 원금과 이자를 갚는 방법은 참 특이했다.

"1년이 지나면 우선 원금 1천만 원을 갚겠습니다. 그러면 그때 남는 돈은 원금의 이자인 250만 원입니다. 2년이 지난 뒤에는 다시 250만

원을 갚겠습니다. 그러면 그때 남는 돈은 250만 원의 이자인 62만 5천원이 됩니다. 그리고 다음 해에는······."

L이 갚겠다고 한 방법으로 돈을 갚아 나가면, 그녀는 이자로 원금의 몇 배를 지불하는 셈일까?

도형적 아이디어

굉장히 난감한 문제인 것 같다. 사실 이것을 제대로 풀자면 무한등비급수라는 개념을 알아야 한다. 그 공식을 이용하면 이 문제는 의외로 간단하게 풀린다. 하지만 우리는 이 문제를 도형적 아이디어로 해결해 보고자 한다. 그 방법은 다음과 같다.

우선, 정사각형을 정확히 4등분한다. 그리고 그렇게 나누어진 도형을 4등분하고, 다시 4등분하고, 또 4등분하고······. 이런 식으로 분할해서 도형A, 도형B, 도형C······가 만들어졌다.

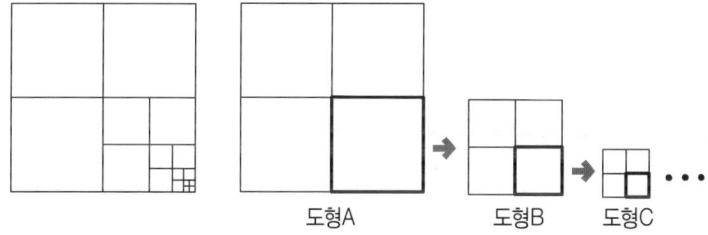

도형A, B, C는 다시 4등분하여 도형(가)와 도형1, 도형(나)와 도형2, 도형(다)와 도형3···으로 나눌 수 있다.

즉, 도형A, B, C···는 이렇게 된다.

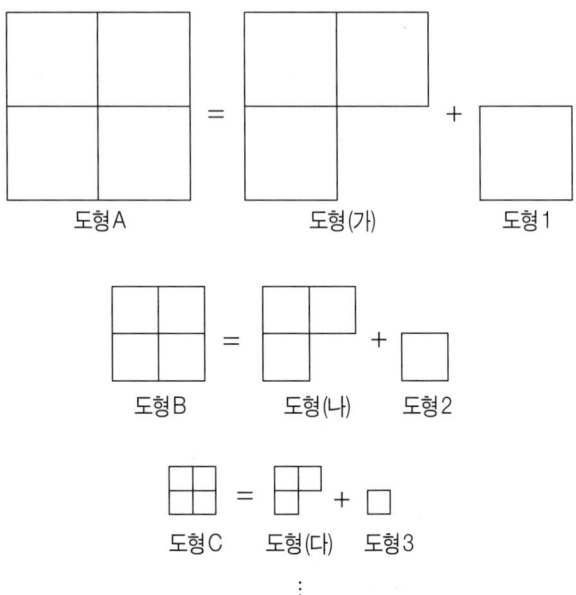

도형A = 도형(가) + 도형1
도형B = 도형(나) + 도형2
도형C = 도형(다) + 도형3
……

🔸 부분 도형을 합하면 전체 도형

　도형A의 면적은 L이 당숙에게서 꾼 돈이다. 그리고 그 넓이는 도형(가)와 도형1의 합이다.

그런데 도형1은 도형B와 같고 그것은 다시 도형(나)와 도형 2의 합이다. 그리고 도형2(도형C)는 도형(다)와 도형 3의 합이며, 도형 3은 …이다.

따라서 다음과 같은 식이 성립한다.

> 도형A = 도형(가) + 도형1
> 도형1 = 도형(나) + 도형2
> 도형2 = 도형(다) + 도형3
> ……

그러므로 도형A의 면적은 도형(가), (나), (다)…의 합이 된다. 즉 이렇게 되는 것이다.

도형A(원금) = 도형(가) + 도형(나) + 도형(다) + …

도형A = 도형(가) + 도형(나) + 도형(다) + …

이자는

도형1, 2, 3은 도형A, B, C의 4분의 1이다. 따라서 우리가 구하고자 하는 L이 당숙에게 갚아야 할 이자는 도형A, 도형B, 도형C…의 $\frac{1}{4}$인 도형1, 도형2, 도형3…의 총 넓이와 같아진다. 왜냐하면 4분의 1이란 다름아닌 L이 갚겠다고 한 이자율 25%를 뜻하기 때문이다.

이자 = 도형1 + 도형2 + 도형3 + …

도형1, 2, 3…은 도형(가), 도형(나), 도형(다)…의 3분의 1이다.

도형1 = $\frac{1}{3}$ 도형(가)

도형2 = $\frac{1}{3}$ 도형(나)

도형3 = $\frac{1}{3}$ 도형(다)

……

그러므로 L이 갚아야 할 이자는 다음과 같다.

이자 = 도형1 + 도형2 + 도형3 + ⋯

$= \frac{1}{3}$도형(가) $+ \frac{1}{3}$도형(나) $+ \frac{1}{3}$도형(다) $+ \cdots$

$= \frac{1}{3}${도형(가) + 도형(나) + 도형(다) + ⋯}

$= \frac{1}{3}${도형A(원금)}

이제 우리는 알게 되었다. L이 갚아야 할 이자는 원금(도형A)의 3분의 1인 33.333⋯%라는 사실을.

교과서 밖에서 배우는/**재미있는 수학상식**

오묘한 확률과 평균

딸만 내리 여섯, 다음은 아들일거야 / 도박사의 오류
도박에서 탄생한 학문 / 확률의 탄생
우연의 일치는 빈번하다 / 확률의 법칙
제멋대로 자르고 제멋대로 늘린다 / 프로크루스테스의 평균화
도주하는 도적떼 / 평균과 표준 편차
어느 프로 축구팀의 파업 / 평균의 적용
복권 장사는 절대로 망하지 않는 사업 / 기대값
결국은 꽝으로 돌아오는 복권의 세계 / 복권과 당첨
자살 확률이 높을까, 피살 확률이 높을까 / 나날이 요긴해지는
확률적 접근

딸만 내리 여섯, 다음은 아들일거야
도박사의 오류

딸 부잣집의 고민

희손이네는 손이 귀하다. 아니, 좀더 구체적으로 말하면 남자가 귀하다.

희손이 할아버지는 7대 독자, 그러니까 희손이 아버지는 8대 독자가 되는 셈이다. 희손이 아버지는 8대 독자란 이유로 군대도 면제 받았다. 요즘 말로 치면 신의 아들인 셈이다.

그런 까닭에 희손이네는 삼대가 모여 사는데도 불구하고 남자가 절대적으로 부족하다. 남자는 단지 둘뿐이고 여자는 자그마치 여덟이나 된다. 할아버지와 아버지만 남성일 뿐, 나머지는 모두 여성인 것이다. 할머니와 어머니 그리고 딸 여섯 이렇게 말이다.

희손이는 그러한 딸 부잣집의 셋째다.

희손이 위로 중학교와 고등학교에 다니는 두 언니가 있고, 아래로 초등학교에 다니는 연년생 동생과 유치원에 다니는 동생 그리고 이제 만 두 살을 갓 넘긴 예쁜 여동생이 있다.

희손이의 큰언니는 고3이다. 그녀의 이름은 희남이다. 누가 봐도 사내 이름이다. 어머니가 큰언니를 임신했을 때, 거짓말 조금 보태서 불쑥 튀어나온 배가 남산만 했다고 한다.

그래서 할아버지와 할머니는 하도 기쁜 마음에 동네방네 이렇게 자랑을 하고 다니셨다고 한다.

"우리 가문의 씨를 이어줄 사내놈이 확실해요."

"저 놈은 틀림없는 장군감이에요."

희손이 할아버지가 손수 작명소를 찾아가서 사내다운 이름으로 지어오신 것이 '바라던 사내놈'이라는 뜻의 희남(希男)이었다.

큰언니의 이름은 그녀가 세상에 태어나기도 전에 이미 그렇게 결정되어 있었던 것이다.

희손이의 큰언니가 이름 때문에 마음 고생한 걸 글로 적자면 소설 서너 권은 족히 되고도 남을 것이다. 특히 감정적으로 민감하였던 사춘기 시절의 학기 초에 그녀가 받았던 고통은 극에 달하여서, 낯이 익지 않은 같은 반 학생들 앞에서 선생님이 그녀의 이름을 부를 때면 가슴이 두근거리고 얼굴이 화끈거렸다고 한다. 그러면서 그녀가 감내해야 했던 스트레스가 또한 얼마나 극심했는지 몇 차례나 학교에 가지 않겠다고 떼를 쓰는 바람에 어머니가 몹시도 가슴 아파했다고 한다.

하지만 희남이는 몸집만큼은 남자 뺨친다. 175cm를 웃넘는 큰 키

와 그에 걸맞은 체중은 웬만한 남학생은 근접도 못하게 한다.

그런 데다가 그녀는 성적도 우수하여서 남학생들이 선호하는 공과대학의 최고 인기학과를 지원하여 그들과 당당히 겨뤄보겠다는 의지를 불태우고 있다.

이 또한 사내 자식을 갈구하는 희손이네 집안의 콤플렉스가 알게 모르게 그녀의 뇌리 속에 전달되어 각인된 결과인 것이다.

희손이 어머니는 여섯째를 낳고 이렇게 말했었다.

"이제 아이는 그만 낳겠어요."

그랬다. 희손이 어머니는 남편에게 못을 박듯이 그렇게 일렀었다. 그리고 희손이 아버지도 그 말에 맹세하듯 동의했다.

"당신 건강도 생각해야 하고, 내 그 약속을 꼭 지키리다."

그런데 희손이 어머니는 지금 또다시 배가 불쑥 솟아 있다. 다음 달이 산달이다.

'내 이 두 눈으로 고추 달린 손자 놈을 보고 떠나야만 저 세상에 가서도 조상님들 뵐 낯이 설 것이 아니겠느냐.'

할아버지와 할머니는 밤낮으로 그렇게 희손이 부모님을 설득하였고, 애원 반 강탈 반 조의 손자 타령에 더는 버티지 못하고 불혹을 예전에 훌쩍 넘긴 희손이 어머니가 또다시 임신을 한 것이다.

희손이는 같은 여자로서 그런 어머니를 볼 때면 몹시 서글퍼진다.

'아들이 대체 뭐길래 어른들은 그렇게 난리법석을 떠는걸까?'

귀남이는 희손이 옆집에 산다. 귀남이 어머니는 희손이 어머니가 일곱 번째 임신을 했다는 소식을 전해 듣고는 자신의 일처럼 몹시 상심해 했다. 여자로 태어난 것이 무슨 죄냐면서.

귀남이 어머니가 희손이 어머니를 마주할 때면 그녀의 얼굴은 측은한 빛으로 가득해진다. 그래서는 안 된다고 다짐하면서도 막상 희손이 어머니를 보게 되면 그게 그렇게 안 되는 모양이다.

그런 면에서 외동 아들 하나만 둔 귀남이네는 희손이네와는 사뭇 다르다.

"여보, 예쁜 딸 하나만 더 낳읍시다."

귀남이 아버지가 그렇게 언뜻 뜻을 비추기라도 하는 날이면 귀남이 어머니는 여지없이 버럭 성을 낸다.

"이 나이에 그게 무슨 망측한 소리예요."

귀남이는 입버릇처럼 희손이에게 이렇게 말하곤 한다.

"나는 외로워. 아빠의 바람대로 귀여운 여동생 하나 있었으면 좋겠어."

아들은 없지만 언니 동생이 위 아래로 다섯이나 되는 희손이로서는 절대로 느낄 수 없는 혼자만의 외로움을, 귀남이는 그렇게 토로하고 있는 것이다.

내달이면 희손이 어머니는 또 한 명의 자식을 낳을 것이다. 태어날 놈이 사내인지 계집아이인지는 희손이네 가족 누구도 알지 못한다. 하지만 그럼에도 할아버지와 할머니, 그리고 희손이 아버지는 이렇게 호언장담을 한다.

"이번은 아들이 확실해!"

딸을 여섯이나 주르륵 출산했는데 설마 이번에까지 여자이겠느냐는 것이 그들의 생각인 것이다.

도박사의 오류

그들의 생각대로 희손이 어머니는 정녕 아들을 낳을 수 있을까?

딸을 여섯이나 낳았으니 다음은 아들이 확실해!

이러한 주장은 억지도 이만저만한 억지가 아니다. 왜냐하면 수학적으로 아들이나 딸을 낳을 확률은 항상 반반이기 때문이다. 즉, 아들을 낳을 확률도 2분의 1이고, 딸을 낳을 확률도 항시 2분의 1인 것이다.

이제까지는 가능성이 적었으니까, 다음은 확률이 높을 것이라는, 희손이네 어른들이 품고 있는 것과 같은 그러한 상상은 전혀 수학적이지 못한 발상이다. 이전에 딸을 몇 명, 몇 십 명 낳았건, 그것은 다음 번 태어날 자식의 성별에 전혀 영향을 주지 못하기 때문이다. 물론, 수학적으로 말이다.

이러한 오류는 일상에서 종종 발생하는 일로서 흔히 '도박사의 오류'라고 한다.

　도박꾼이 주사위 도박에서 열 번을 내리 잃었다. 그래서 다음 번은 분명히 딸 것이라는 굳은 확신 하에 이제까지의 손실을 단번에 만회하려고 거액의 돈을 또다시 걸어보지만, 절대로 딸 확률이 높아지진 않는다. 왜냐하면 그는 이번에도 앞과 다르지 않은 조건에서 도박을 해야 하기 때문이다. 속임수를 쓰지 않는 한 주사위의 눈이 나올 확률은 항상 똑같은 것이다.

　"나는 초등학교 1학년 때부터 줄곧 꼴찌만 했어. 그러니까 대학에 가면 적어도 한 번쯤은 1등을 할 수 있을거야."

　노력도 하지 않는 사람의 이런 말을 곧이들을 사람은 아무도 없다. 그는 대학에서 1등은커녕 대학문에 다가서지도 못할 것이기 때문이다.

　아들과 딸을 낳을 확률도 이와 다르지 않다고 보면 된다. 이것이 바로 도박사의 오류인 것이다.

도박에서 탄생한 학문
확률의 탄생

확률의 시작은 초라했다

이런 말이 있다.

"시작은 미약하였으나……."

이 말은 그럴 듯하게도 모든 학문에 똑 맞아 떨어진다. 모든 학문의 시작이 처음에는 그렇게 다 거창하지 않았다는 뜻이다. 예를 들어서, 화학은 실생활에 가장 가깝게 스며들어 있는 학문이다. 비누, 샴푸, 염색약, 나일론, 플라스틱, 다이옥신, 오존, 산소, 수소, 고무 등등 화학과 관련된 물질은 늘어 놓으려면 이렇듯 끝이 없을 정도다. 그러나 그렇게 거창한 학문도 시작은 아주 시시하여서, 돌멩이와 구리로 값비싼 황금을 만들려고 했던 황당하기까지 한 연금술에서 비롯되었다.

어디 그뿐이랴. 천체 물리학은 우주의 과거와 현재 그리고 미래를 연구하는 첨단 학문 중의 첨단 학문이다. 그러나 그러한 현재의 위세와는 전혀 어울리지 않게 이 역시 처음은 그다지 대단하지 못하였다. 과학자들은 미신이라며 거들떠보지도 않는, 별을 보고 점을 치는 점성술에서 천문학은 출발하였던 것이다.

그런데 그러한 상황은 수학에도 그대로 이어진다. 현대 수학에서 막중한 위치를 차지하는 확률론의 처음은 지극히 초라하기 그지없어서 그 시작은 도박이었다.

동서양이 바라본 도박

어른들은 너나없이 이렇게 충고한다.

"도박은 절대로 손에 댈 것이 못 된다. 그것만큼 패가망신하기 딱 좋은 것도 없느니라."

그렇다. 도박에 빠지면 가산을 탕진하는 것은 물론이고 지위나 명예까지 잃는 경우가 허다하다. 그만큼 도박의 폐해는 심각한 것이어서 동서양을 막론하고 도박을 가까이 하지 말라는 어른들의 충고는 한결같다.

도박은 동서양의 어느 문화권에나 널리 퍼져 있다. 뿐만 아니라 그 역사도 짧지 않다.

이집트에서는 이미 기원전 1600년 무렵에 타우와 세나트라는 도박이 성행하였고, 고대 로마에서는 다양한 도박 기구들이 이용되었으며, 성서에도 제비뽑기를 했다는 기록이 남아 있다.

고대 이집트의 도박 기구들

로마시대 주사위 놀이

투호

또한 동양은 어떤가. 고대 인도에서는 도박에 쓰이는 주사위가 이미 발명되어 국민들 사이에 널리 애용되었으며, 우리 나라에서는 화살을 통 속에 집어넣어 승부를 가리는 투호 같은 것이 일찍이 유행하였다.

인류는 그렇게 동서고금을 가리지 않고 도박을 즐겼다. 그러나 그러한 도박으로부터 확률론이라는 하나의 정연한 학문을 이끌어낸 쪽은 동양이 아닌 서양이었다. 그것은 놀고 즐기는 도박의 종류가 유사하지 않았다거나 다양하지 않았기 때문이 아니다. 도박을 바라보는 시각이 현저히 달랐기 때문이다.

동양에서는 미래의 일을 내다보는 일은 무당이나 점쟁이만이 하는 일로 간주하고, 일반인은 절대 관여해서도 관여할 수도 없는 일로 받아들였다. '진인사 대천명(盡人事待天命)'이란 말처럼, 앞일은 하늘이 정하는 것이지 결코 보통 사람이 개입해서는 안 되는 일이었다. 즉, 일반인은 그저 오직 내 할 바만 충실히 다하면 된다는 생각이었다. 그러한 분위기가 확고하고 팽배하게 퍼져 있었던 까닭에 미래의 사건을 따지고 예견하는 확률론이 탄생하기 힘들었던 것이다.

그러나 서양인들은 달랐다. 그들은 자연 현상 뒤에 비밀스레 조용히 숨어 있는 자연의 법칙을 발견하고 그것을 끄집어내어 체계화하려는 노력을 한시도 쉬지 않고 끝없이 기울였다.

"아무것도 없는 상태에서 물질은 생기지 않는다."

"모든 일의 결과에는 항시 그에 앞선 원인이 있다. 그러함은 우연이라도 예외이지 않다."

이것은 고대 그리스의 대학자 파르메니데스와 페트로니우스가 신념 있게 주장한 말들이다.

이러한 것만 보아도 서양인이 자연을 바라본 자세가 어떠했는가는 여실히 드러난다. 그들이 자연을 탐구하는 정신은 동양과 그렇게 사뭇 달랐던 것이다.

파르메니데스

페트로니우스

도박에서 확률로

〈자연 현상을 논리적이고 합리적으로 캐묻고 따지면서 이치를 설명하고 이해하려는 쉼 없는 노력.〉

이러한 맥락을 그대로 이어받아서, 서양인들은 도박을 그저 나쁜 짓으로 격하시키지 않고 정정당당한 수학적 게임으로 승화시켰다. 그러다 보니 확률론의 시작은 자연히 속임수를 쓰지 않고 게임을 이길 수 있는 떳떳한 가능성을 따지는 것에서 출발하게 된 것이다.

도박에서 확률 문제를 처음으로 제기한 이탈리아의 수학자 카르다노(Cardano, Girolamo 1501~1576)는 다음과 같은 문제를 연구하였다.

"주사위 두 개를 동시에 던져서 나온 눈의 수를 합한 결과로 승부를 결정짓는 내기를 한다고 하자. 그러면 게임에서 가장 유리한 결과를 얻을 수 있는 경우가 반드시 있을 것이다. 주사위 두 눈의 합이 얼마가 나오는 경우에 돈을 걸어야 가장 큰 이득을 볼 수 있을까?"

카르다노

카르다노는 이 문제를 연구하면서 다음과 같은 상당히 의미있는 결과를 이끌어 내었다.

"주사위는 1부터 6까지를 표시한 여섯 개의 면으로 공평하게 나뉘어져 있다. 면들이 그렇게 동등하게 나뉘어져 있어서 각각의 눈이 나올 확률은 항상 똑같게 된다. 즉 주사위를 한 번 던질 때마다 1, 2, 3, 4, 5, 6의 눈이 나올 확률은 각각 육분의 일로 다르지 않은 것이다.

　그러나 주사위를 여섯 번 던졌다고 해서 매번 1부터 6까지의 눈이 한 번씩 번갈아가면서 똑같이 나오는 것은 아니다. 1의 눈이 여섯 번 모두 나올 수도 있고, 2가 세 번, 6이 세 번 나올 수도 있으며, 5의 눈이 한 번도 나오지 않을 수도 있다.

　하지만 주사위를 던지는 횟수를 점점 늘리면 각각의 눈이 나올 확률은 육분의 일에 근접하게 된다. 즉, 주사위를 몇 번 던졌을 때에는 어느 한쪽의 수가 월등히 많이 나올 가능성도 있으나, 그 수를 점차 늘려서 주사위를 육백만 번 던졌다고 하면 1, 2, 3, 4, 5, 6의 눈이 나오는 횟수는 각각 1백만 번에 가깝게 되는 것이다."

　물리학자 갈릴레이(Galilei, Galileo 1564~1642)는 친구로부터 다음과 같은 질문을 받고, 한때 주사위 문제에 깊이 빠진 적이 있었다.

갈릴레이

　"내가 세 개의 주사위를 동시에 던져서 나온 눈의 합을 계산해 보면, 9와 10이 되는 경우가 같은 횟수만큼 나오게 되더군. 그런데 실제로 내기에 참가해서 돈을 걸어보면, 눈의 합이 10이 되는 쪽에 건 사람이, 아주 근소하게나마 유리한 이득을 보게 된다네. 그 이유가 뭔지 자세히 설명을 해줄 수 있겠는가?"

프랑스의 수학자 파스칼은 도박사 친구가 적어 보낸 다음과 같은 고민을 해결해 주었다.

"먼저 3점을 얻는 사람이 금화를 가져가는 내기가 있는데, 한 번 이기면 1점을 얻는다네. 한 사람이 2점, 다른 사람이 1점을 얻은 상태에서 예기치

파스칼

못한 상황이 돌발하여 어쩔 수 없이 시합을 중단해야 한다면, 그 상태에서 금화를 어떻게 분배해야 하는가?"

이처럼 문제를 따져 보고 거기에서 합리적인 근거를 찾아내려는 서양 학자들의 끊임없는 노력의 기울임 덕분에 확률론은 성숙되고 정착되어 갔다. 그리고 확률론으로 안착돼 가는 여정은 파스칼, 베르누이, 드 무아브르, 르장드르, 라그랑주, 라플라스를 거치면서 당당히 여물어 갔다.

베르누이　　드 무아브르　　르장드르　　라그랑주　　라플라스

우연의 일치는 빈번하다
확률의 법칙

우연에 도전

알다가도 모를 것이 인생이라고 한다. 방금 전까지만 해도 멀쩡하게 전화를 주고받았던 친구가 저승으로 떠났다는 비보를 전해 듣는가 하면, 세상의 모든 돈을 다 거머쥔 것처럼 떵떵거리며 생활하던 사람이 하루 아침에 쪽박을 차게 되었다느니 하는 말을 우리는 종종 듣곤 한다. 그래서 혹자는 '인생은 우연의 연속'이라고 서슴없이 말하곤 한다.

그러나 인생이 우연의 연속이라고 해도 우리는 그저 막막히 우연에 압도당할 수만은 없다. 인간은 만물의 영장이며 생각할 줄 아는 동물이기 때문이다. 그래서 많은 지성인들이 우연에 도전하기 시작했다.

그 첫째 방법이, 우연으로 보이는 것 속에서 법칙을 찾아내는 일이었다. 즉 확률의 법칙을 알아내는 것이었다.

생일이 같을 확률

"당신의 생일은 언제입니까?"

"11월 25일입니다."

"엇, 나도 11월 25일인데!"

이처럼 우리는 가끔 나와 생일이 똑같은 사람을 만나는 경우가 있다. 그러나 이는 분명 흔하지 않은 일이다.

그렇다면 생일이 같은 사람을 만날 확률은 얼마나 될까?

이 의문을 해결하기 위해서 다음과 같은 질문을 생각해 보자.

"생일이 같은 사람이 적어도 한 쌍이라도 나오게 하려면 최소한 몇 명의 사람을 모아야 할까?"

얼핏 생각하기에는 적지 않은 사람이 필요할 것 같다. 1년은 365일인데, 몇 월뿐만 아니라 며칠까지 다르지 않은 쌍이 나오도록 하기 위해서는 아무리 적게 잡아도 절반 정도인 180명 이상은 모아야 할 듯싶다.

그러나 아이러니컬하게도 그게 전혀 그렇지 않다. 40명만 있어도 그 중에 생일이 같은 사람이 나올 확률은 거의 90%를 넘는다.

언뜻 믿어지지 않는 일이다. 하지만 이것은 이미 명명백백히 입증되고 검증된 엄연한 수학적 사실이다. 그래도 의심이 들면 당장 조사해 보라. 유치원도 좋고, 학교도 좋고, 사무실도 좋다. 그곳에 있는 사람들의 생일을 일일이 물어 보고 나면 그 높은 가능성에 적잖이 놀랄 것이다.

그래서 "우리 학급이나 사무실에 생일이 같은 사람이 있을까 없을까"라는 내기를 하면 당연히 있다는 쪽에 승부를 거는 것이 현명한 선택인 것이다.

다음의 그래프는 사람의 수가 증가함에 따라서 생일이 같은 사람이 나올 가능성이 어떻게 변하는가를 여실히 보여주고 있다.

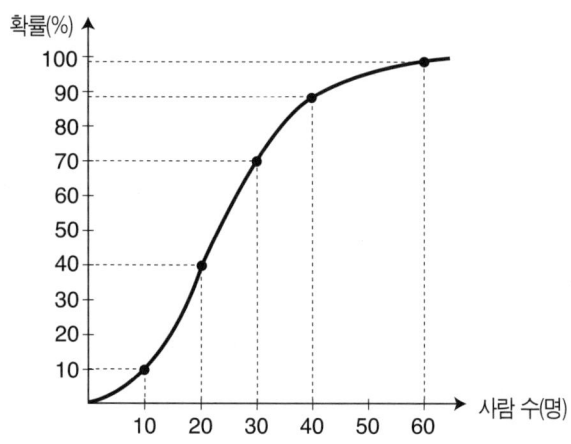

인원 수가 60명에 이르자 생일이 같은 사람이 나올 확률은 무려 100%에 육박하고 있다. 즉 60명 이상이 모이면 생일이 같은 사람이 최소한 한 쌍은 나오게 되어 있다는 뜻이다.

생일이 같은 실제 예

그와 같은 사실을 실제로 알아보기 위하여 역대 노벨 생리의학상 수상자들 가운데 50명을 무작위로 뽑아서 생일이 같은 사람이 몇이나 나오는가를 살펴보았더니, 무려 세 쌍의 수상자가 생일이 일치(파블로

프와 오초아, 도마크와 네이선스, 포터와 밀스테인)하였다.

이름	생년월일
코흐	1843년 12월 11일
라브랑	1845년 6월 18일
파블로프	1849년 9월 24일
라몬 이 카할	1852년 5월 1일
에를리히	1854년 3월 14일
셰링턴	1857년 11월 27일
홉킨스	1861년 6월 20일
모르간	1866년 9월 25일
란트슈타이너	1868년 6월 14일
슈페반	1869년 6월 27일
데일	1875년 6월 9일
플레밍	1881년 8월 6일
마이어호프	1884년 4월 12일
도마크	1885년 10월 30일
힐	1886년 9월 26일
뮐러	1890년 12월 21일
밴팅	1891년 11월 14일
코리	1896년 12월 5일
플로리	1898년 9월 24일
밀러	1899년 1월 12일
타일러	1899년 1월 30일
버넷	1899년 2월 3일
베케시	1899년 6월 3일
크랩스	1900년 8월 25일

비들	1903년 10월 22일
로렌츠	1903년 11월 7일
오초아	1905년 9월 24일
월드	1906년 11월 18일
틴베르겐	1907년 4월 15일
테이텀	1909년 12월 14일
모노	1910년 2월 9일
카츠	1911년 3월 26일
블록	1912년 1월 21일
서덜랜드	1915년 11월 19일
크릭	1916년 6월 8일
윌킨스	1916년 12월 15일
데듀브	1917년 10월 2일
포터	1917년 10월 8일
헉슬리	1917년 11월 22일
자코브	1920년 2월 12일
코라나	1922년 1월 9일
홀리	1922년 1월 28일
길먼	1924년 1월 11일
레더버그	1925년 5월 23일
니렌버그	1927년 4월 10일
밀스테인	1927년 10월 8일
왓슨	1928년 4월 6일
네이선스	1928년 10월 30일
스미스	1931년 8월 23일
테민	1934년 12월 10일

링컨과 케네디

우연의 일치가 의외로 빈번하다는 사실은 미국의 대통령을 지낸 링컨과 케네디의 유사점을 살펴보아도 알 수가 있다.

	링컨	케네디
의원 당선	1846년	1946년
대통령 당선	1860년	1960년
암살자	부스, 1838년생	오스왈드, 1939년생
암살자의 운명	재판을 받기 전에 사살	재판을 받기 전에 사살
암살자의 이동	극장으로 도망	극장으로 도망
암살일	금요일	금요일
피격 부위	뒷머리	뒷머리
암살 당시	부인이 옆에 있었다	부인이 옆에 있었다
후임 대통령	1808년생 남부 출신의 존슨	1908년생 남부 출신의 존슨

그리고 링컨과 케네디의 유사점은 여기서 끝나지 않고, 그들이 암살되기 직전에 경호원에게 건넨 말까지 엇비슷하다.

링컨

케네디

링컨은 이렇게 말했다.

"암살을 기도하는 자가 있을 것이다. 하지만 어쩔 수 없다."

케네디는 다음과 같이 말했다.

"생명을 노리는 자가 있을 것이다. 마음에 걸리지만 달리 방도가 없다."

또 다른 예

우연의 일치가 의외로 빈번한 또 다른 예를 살펴 보자.

주소와 이름이 적힌 1000개의 편지 봉투와 1000개의 편지가 있다. 이들을 완전히 뒤섞고, 눈을 감고 하나의 편지와 편지 봉투를 집어 보자. 그리고는 그 둘의 주소와 이름을 확인해 보라.

대다수의 사람이 십중팔구 그 둘은 엇갈린 주소와 이름을 갖고 있을 것이라고 생각할 것이다. 하지만 현실은 그런 판단을 비웃기라도 하듯이 너무도 의외의 결과를 보여 준다. 편지와 편지 봉투의 주소와 이름이 딱 들어맞을 확률은 무려 60% 이상을 넘는다. 그야말로 놀라지 않을 수 없는 확률의 아이러니다.

우연의 일치란 말 그대로 예기치 않게, 즉 흔치 않게 발발하는 사건이다. 하지만 노벨 생리의학상 수상자들의 생일과 링컨과 케네디, 그리고 편지봉투와 편지의 유사점에서도 확연히 드러나고 있듯이 일상에서 마주하는 우연의 일치는 우리가 생각하는 것보다 의외로 자주 일어나고 있다.

제멋대로 자르고 제멋대로 늘린다
프로크루스테스의 평균화

아이게우스와의 약속

그리스 로마 신화를 보자.

아테나이의 왕 아이게우스와 트로이젠의 왕녀 아이트라 사이에서 아들이 태어났다. 그가 테세우스다.

"나는 이제 아테나이로 돌아가야겠소."

아이게우스가 말했다.

그러자 아이트라가 이렇게 요구했다.

"테세우스는 제가 기를게요."

"좋도록 하오."

아이게우스는 아이트라의 요청을 즉각 승낙했다. 그러나 조건이 있

아이게우스

테세우스와 아이트라

었다. 아이게우스는 트로이젠을 떠나면서 아이트라에게 이렇게 이른 것이다.

"내 칼과 구두를 이 커다란 돌 밑에 놓고 가겠소. 자식 놈이 성장해서 이 돌을 치우고 그 아래에서 칼과 돌을 꺼낼 수 있을 만큼 자라거든 나에게 보내시오."

이렇게 해서 테세우스는 어머니의 조국 트로이젠에서 양육되었다.

어느덧 세월은 흘러 테세우스가 어엿한 청년으로 성장하였다.

'이젠 때가 되었구나.'

아이트라는 아들에게 아버지와의 약속을 이야기해 주었고, 테세우스는 떠날 채비를 갖추었다.

"육지보다는 바닷길을 이용하거라."

아버지의 나라로 떠나는 아들에게 아이트라는 그렇게 당부했다. 육지는 낮이나 밤이나 도둑이 들끓고 있어서 보다 안전한 길인 바닷길을 권한 것이었다.

그러나 테세우스는 과감히 육로를 택했다. 젊은 혈기에 영웅심이 불

헤라클레스

타올라 있었던 데다가 헤라클레스와 같은 위대한 인물이 되고 싶어하는 욕망을 어찌 잠재울 길이 없었던 까닭이다.

테세우스는 만나는 도적의 무리를 그의 뜻대로 간단히 쓰러뜨렸다.

프로크루스테스의 침대

그 중에 프로크루스테스라고 하는 괴팍하고 잔인하기 이를 데 없는 자가 있었다. 그는 거대한 산 도적으로 '늘리는 자'라는 별명을 달고 있는 악명 높은 악당 중의 악당이었다.

프로크루스테스에게는 몹시 애지중지하는 쇠로 만든 침대가 있었다. 그런데 그 침대라고 하는 것이 힘없는 서민들의 눈물을 빼앗고 육신을 괴롭히는 고문 도구에 다름 아니었으니.

프로크루스테스는 자신의 거처에 늘 머물고 있다가 집 주위를 지나가는 사람이 보이기만 하면 쏜살같이 달려나가 그를 잡아다 가두었다. 그리고는 다짜고짜 이렇게 겁을 주는 것이었다.

"네 키와 이 침대를 재어 보아서 한치의 오차도 없이 똑같다고 확인될 때에만 살려서 내보내줄 것이야."

프로크루스테스는 일방적으로 그렇게 이르고는 붙잡아온 사람을 너나없이 침대에 강제로 눕혔다. 그리고는 그의 신장이 침대 길이보다 짧은지 긴지에만 온통 관심을 기울일 뿐이었다.

키가 침대 끝에 미치지 못하는 사람에게는,

"좀 작군."

이렇게 말하면서 그의 신체가 침대의 크기와 얼추 맞을 때까지 목과 허리와 다리와 발목을 인정사정 없이 잡아늘였다. 그러는 도중에 결박 당한 사람은 예외없이 목숨을 잃게 마련이었다.

한편 키가 큰 사람에게는,

"지나치게 크군."

프로크루스테스의 침대

이렇게 말을 뱉으면서 그의 몸뚱이가 침대와 정확히 일치하도록, 침대 밖으로 튀어나온 머리와 다리를 거리낌 없이 단칼에 삭둑삭둑 잘라 버렸다. 이 또한 힘없는 백성들의 생명을 파리 목숨보다 가벼이 여기는 잔혹한 짓에 다름 아니었다.

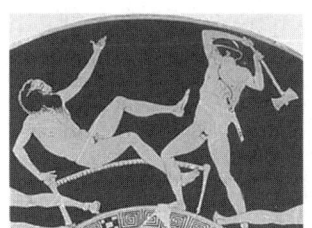

테세우스의 심판

그러나 그러한 프로크루스테스도 용감무쌍한 테세우스 앞에서는 적수가 되지 못하였다. 테세우스는 프로크루스테스에게도 간단히 정의의 심판을 내렸다.

평균적이란 말

그렇다. '프로크루스테스의 평균화'란 하나의 틀을 설정해 놓고 모든 걸 그 속에 꼭꼭 들어 맞춰서 담으려는 것이다.

이처럼 제 입에 맞는 것만 천편일률적으로 골라내는 것은 결코 바람직스럽지 않은 일이다. 그러함은 우리가 일을 처리하면서 '평균적'이란 용어에 너무 얽매일 때 빈번히 나타나곤 한다.

쉬운 예를 들어보자.

예전에 우리 나라의 사원 모집 공고는 수많은 제약을 담고 있었다. 특히 여사원을 뽑는 경우는 그러함이 더하다.

'키는 157cm 이상, 몸무게는 48kg 이하……'.

뭐, 이와 유사한 자격 조건들을 당당히 못박아 놓고 있는 사원 모집 공고가 적잖았던 것이다.

평균적이란 의미를 자기 나름대로 해석하고 그릇된 방향으로 사용하여 좋지 않은 결과를 불러오는 경우는 여러 예에서 어렵지 않게 찾아볼 수가 있다. 우리가 다음 이야기에서 다룰 '도주하는 도적떼'와 '어느 프로 축구팀의 파업' 속에 그러한 모순이 적나라하게 들어 있다.

애시당초부터 어떤 기준을 미리 정해 놓고, 그 기준에서 한치라도 벗어나면 이유를 불문하고 비정상인 것으로 강요하는 것은 옳지 않은 일이다. 평균이라는 것은 어디까지나 편리를 위하고 목적에 맞춰서 알맞게 써야 하는 것이지, 아무 데나 갖다 붙여서 차별을 두어서는 안 되는 것이다. 이러한 잘못된 평균화는 하루 빨리 벗어 던져야 할 것이다.

도주하는 도적떼
평균과 표준 편차

혼란한 정국

어지러운 세상이었다.

한고조 유방이 초나라를 멸망시키고 천하를 통일하여 태평연월을 이루어 온 지도 어느덧 사백여 년. 그러나 태평세월이 오래 이어지면 반드시 어지러워지게 마련인 법. 그 무렵 한나라의 조정에서는 환관들이 세상을 마음대로 좌지우지하고 있었다. 환관이란 임금을 쫓아다니며 시중을 드는 일개 내시에 불과하다.

"저 환관 무리들이 날뛰는 것을 내 이제 더는 두 눈 뜨고 볼 수가 없다. 참을 만큼 참았다."

당시의 임금이었던 영제는 환관들의 앞뒤 가리지 않는 날뜀이 도가 지나쳤음을 심히 우려했다.

"저 무리들을 쏴악 쓸어 버려라."

그래서 대장군 두무와 태부 진법을 시켜 환관의 무리를 없애고 나라를 바로잡아 보려고 했다. 그러나 그 계획이 사전에 발각되어 오히려 이 편이 곤란한 지경에 빠지게 되었다.

그 일이 있은 이후로 내시들의 세도는 더욱 강해져서 비록 임금이라도 그들의 행패를 어찌 막을 길이 없었다. 더구나 한번 멸망의 구렁텅이로 추락할 뻔했던 환관의 무리들은 세력을 더욱 강력히 펼치기 위해 열 명의 내시들이 한데 뭉쳐서 자기네들을 십상시라 부르도록 명하였다. 그리고 그 두목에게는 왕자조차 높은 칭호로 부를 것을 강요하였으니, 그것 하나만 보더라도 당시 환관들의 세도가 어느 정도였는가를 능히 짐작하고 남음이 있었다.

조정에 있는 내시들이 임금을 정성들여 보필하지는 않고 그렇게 날뛰었으니, 국정이 바로 다스려질 턱이 없었다.

국정이 어지러워지자 전국 각지에서 강도가 들끓고 가는 곳마다 도둑이 출몰하였으니 백성들이 도탄 속에서 허덕이게 된 것은 새삼스러운 일도 아니었다.

조정에선 환관들의 무리가 세상을 휘두르고, 민간에선 도둑의 무리가 제 세상을 만난 양 날뛰었으니 그러고도 나라가 망하지 않을 도리가 없었다.

◼ 도망치는 도적 무리

그렇게 혼란스러이 하루하루가 지나가던 어느 날이었다. 하늘은 먹

물을 뿌려놓은 듯 달빛조차 가녀린 어둑한 밤이었다. 한 떼의 도둑 무리가 불시에 관가를 습격해서 죽을 날만을 기다리고 있던 두목을 빼낸 데다가 금은보화까지 탈취하여서 도망치는 중이었다.

그들 뒤로 횃불을 든 관졸들이 줄을 이어 쫓고 있었다.

"잡아라!"

관졸들의 기세는 바위라도 뚫을 듯했다.

시간이 흐를수록 거리는 좁혀지고 있었다. 100여 미터 앞에 강이 보였다.

"형님, 걱정하지 마세요. 이제 저 강만 건너면 산 속 거처로 무사히 숨어들 수가 있습니다."

부두목이 턱까지 차오른 숨을 가쁘게 고르며 말했다.

"배는?"

두목이 두려움을 애써 감추며 물었다.

"수심은 크게 걱정할 정도가 아닙니다. 이쪽은 평균 수심이 120cm이고, 저쪽은 160cm라고 들었습니다."

부두목이 강의 위쪽과 아래쪽을 가리켰다.

"한시가 급한데, 당연히 수심이 낮은 쪽으로 건너야겠지."

그렇게 말을 뱉은 두목은 벌써 발에 강물을 묻히고 있었다. 그 뒤로 부두목과 졸개들이 부리나케 강물로 뛰어들었다.

"첨벙, 첨벙……."

강물은 부두목의 말대로 평탄했다. 강의 중간 부근까지 건너왔는데도 10여cm나 내려갔을까 몸은 처음에서 크게 잠기지 않았다.

그런데 이게 어찌 된 일인가.

"아악!"

비명 소리와 함께 두목이 보이지 않았고, 연이어 부두목과 졸개들이 따라서 강 속으로 자취를 감춰 버리고 말았다. 도둑 무리는 그렇게 강에서 최후를 맞은 것이었다.

강의 평균 수심과 표준 편차

왜 이런 일이 벌어진 걸까?

강의 단면을 살펴보자.

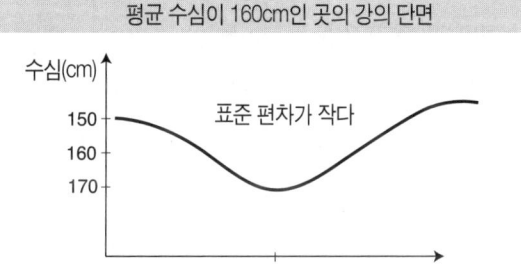

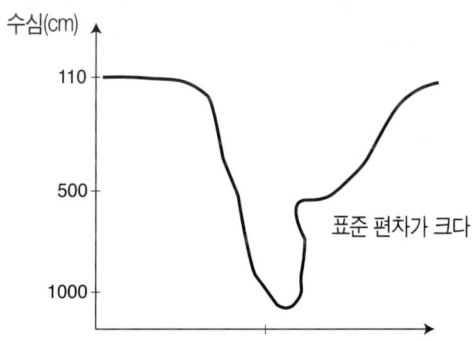

3. 오묘한 확률과 평균 | **215**

평균 수심이 160cm인 곳은 150cm에서 170cm까지 그야말로 평탄하기 이를 데 없다. 반면 120cm인 곳은 어떤가. 최저 수심 110cm, 최고 수심 10m(1000 cm)로 그 흩어짐의 폭이 대단하다.

이런 사실을 모른 채 도둑의 두목은 부두목이 말해준 대로 평균 수심만 믿고 별 생각 없이 강을 건넌 것이었다. 그러했으니 후에 벌어질 일은 보지 않아도 뻔한 것이었다. 어차피 못된 짓을 일삼고 처벌을 기다리는 처지였으니 벌을 받아야 하는 것은 마땅한 이치일 터이지만.

흩어진 정도를 나타내는 수학적 용어는 '표준 편차'이다. 표준 편차가 크다는 것은 흩어진 정도가 크다는 의미로 최대값과 최소값의 차가 심하다는 뜻이다. 그러니 평균 수심이 160cm인 곳은 표준 편차가 작고, 120cm인 곳은 표준 편차가 큰 것이다.

국외 출장을 떠나는 회사원은 그 곳의 평균 기온이 섭씨 16° 안팎이라고 해서 아무런 생각 없이 춘추복만 준비해 갖고 떠나선 안 될 일이다. 한겨울에는 영하 20°까지 내려가고 한여름에는 영상 50°까지 치솟아도 한 해의 기온을 평균하면 얼추 그러한 값에 어림할 수 있기 때문이다.

올바른 판단을 하기 위해서 표준 편차를 유심히 살펴야 하는 이유가 거기에 있는 것이다.

어느 프로 축구팀의 파업
평균의 적용

엇갈리는 주장

이른 봄부터 시작하여 늦가을까지 이어지는 프로 축구 시즌이 끝났다. 다음 시즌까지의 몇 개월 동안은 선수들에게 있어선 금싸라기처럼 이용해야 할 다시 없는 휴식과 재충전의 시기이다. 선수들은 이 기간 동안에 시즌 내내 운동장에서 힘차게 기량을 펼치느라 피곤에 지친 심신을 달래는 한편, 내년 시즌에 대비하여 새로운 기량을 연마하고 체력을 보강하는 데 중점을 둔다.

하지만 수 개월의 그 기간이 그리 마음 편한 호시절만은 아니다. 프로 축구 선수들이 한 해 동안 그라운드에 쏟아 부은 결과에 대한 냉혹한 평가가 서릿발처럼 기다리고 있기 때문이다.

그렇다. 겨울 내내 구단과 선수 사이에 팽팽히 이어지는 연봉 협상, 그것은 실력있는 자만이 살아남을 수 있는 치열한 프로의 세계에서 자신의 한 해살이에 대한 능력급 투쟁에 다름 아니다. 기대 이상의 실력을 발휘한 선수는 구단에다 수백%를 넘는 인상액을 당당히 요구할 수 있는 떳떳한 강자가 될 수 있는 반면, 예상 외의 저조한 활약을 보인 선수는 연봉이 반 토막이 되어도 군소리 한 번 내지를 수 없는 처량한 신세가 된다.

이러함은 IMF 체제를 겪은 이후에 우리의 경제 현장에도 그대로 투영되고 있다. 바야흐로 세상살이는 능력있고 힘있는 자만이 생존할 수 있는 처절한 프로의 환경으로 정착돼 가고 있는 것이다.

"보장해 달라!"

프로 축구 선수들이 '투쟁, 승리'라고 붉게 쓴 머리띠를 이마에 질끈 동여매고 집단 시위를 벌이고 있다.

구단 관계자 몇몇을 빼놓고는 누구도 예상치 못했던 시위였다. 그도 그럴 것이 그 팀은 전기와 후기 리그를 모두 평정한 명실상부한 최고의 프로 축구팀이었다. 그런 팀이 뭐가 아쉬워서 시위를 하는 것인지 대개의 시민들은 의아해 했다.

"연봉을 올려 달라!"

그렇다. 그들은 지금 연봉 문제를 들고 나선 것이다.

그러나 대응하는 구단 또한 강경했다.

"여러분들의 요구는 절대로 받아들일 수가 없습니다."

구단은 단호했고, 그에 맞서는 선수측도 쉽게 꺾일 기세는 아니었다.

하루가 가고 일주일이 지나고 한 달이 흘렀다. 그런데도 사태는 좀체 나아질 기미가 보이지 않았다. 선수와 구단 양측 모두 가슴이 다 타오를 지경이었다. 선수들은 하루 빨리 연봉 협상을 산뜻하게 마무리 짓고 내년 시즌에 대비해야 할 터였다. 또한 구단으로서도 하루가 다르게 실추되어 가는 이미지를 어떤 식으로든 곧바로 회복시켜야 했다.

팬들의 빗발치는 원성은 선수측과 구단을 가리지 않았다. 상황이 그 지경에 이르자 구단과 선수 노조측은 여론을 유리하게 끌어들이기 위해 나름대로 대대적인 홍보를 마련했다.

한 발 앞선 측은 구단이었다. 그들은 언론사 담당 기자들을 불러놓고 다음과 같은 발표문을 돌렸다.

"여러분들도 익히 알고 계시다시피, 우리 구단에선 타 구단은 감히 상상도 할 수 없는 거액의 연봉을 선수들에게 지급하고 있습니다. 그런데도 선수 노조측에선 돈을 더 내놓으라고 저렇게 파업을 하고 있으

니 저희들로서는 그저 답답할 뿐입니다. 우리 구단이 돈을 찍어내는 조폐공사도 아니잖습니까.……"

구단측 성명은 그런 대로 호응을 얻었다. 그들의 말마따나 구단에서 선수들에게 지급하는 총연봉은 프로 축구팀 가운데 최고였다. 그 구단 소속 주전 11명의 평균 연봉은 6천만 원이나 되는 반면에 여타 구단 선수들이 받는 연봉은 5천만 원에도 미치지 못하는 것이었다.

그러나 그 축구팀에 소속된 대다수의 선수들은 최저 생계비에도 미치지 못하는 연봉을 받고 있다며 하소연하고 있는데……

양측의 근거

한쪽은 최고 연봉이라 주장하고, 다른 쪽은 최저 생계비에도 못 미친다고 아우성이다. 아이러니가 아닐 수 없다. 구단이든 선수측이든 어느 한 쪽에서 거짓말을 하고 있는 듯싶다. 하지만 그들의 주장은 틀리지 않았으니……

구단과 선수측이 자기네 주장이 옳다며 물러설 줄 모르는 연봉 협상을 하는 데에는 나름의 충분한 근거가 있었다.

구단 소속 주전 11명의 연봉은 이렇다.

1	2	3	4	5	6	7	8	9	10	11
3억	2억	1억	2천	1천	1천	1천	1천	1천	1천	1천

전후기 리그 우승팀 선수 11명의 평균 연봉을 계산해 보면 구단의 말대로 6천만 원이 된다. 그러나 주전 세 명이 연봉의 거의 전부를 독차지하고 있는 셈이어서, 다른 선수들은 그들의 주장대로 최저 생계비에도 못 미치는 연봉을 받고 있는 것이다.

선수 노조는 기자회견장에서 전후기 리그에서 준우승한 구단의 임금표를 기자들에게 제공했다.

1	2	3	4	5	6	7	8	9	10	11
8천	7천	6천	5천	5천	4천	4천	4천	4천	3천	3천

준우승한 팀의 선수들은 고액 연봉자와 저액 연봉자의 소득 차이가 그다지 크지 않았다. 리그 우승팀에서는 무려 여덟 사람이나 연봉 1천만 원을 받는 것에 비해 이 팀의 최저 연봉자는 3천만 원이었다. 그것도 두 명뿐이어서 우승팀 노조측의 말은 강한 설득력을 갖는다.

"연봉을 올려 달라", "그럴 수는 없다"라며 쌍방이 한치의 양보도 없이 그렇게 치고받는 데에는 그러한 연봉 계산법의 차이가 숨어 있었던 것이다.

이러한 오류를 범하지 않도록 평균은 목적에 맞도록 세밀히 적용해야 한다. 한 쪽 열쇠 구멍만을 통해서 들여다본 방의 내부는 일부만 볼 수 있을 뿐이다. 다양한 방향으로 나 있는 여러 개의 열쇠 구멍으로 바라보았을 때 비로소 방의 내부를 전체적으로 조망할 수 있는 것이다.

복권 장사는 절대로 망하지 않는 사업
기댓값

야바위꾼의 제안

오가는 사람들의 발길이 분주한 지하철역 앞. 그곳에 야바위꾼이 누런 돗자리를 깔고 앉아 있다.

"적은 돈으로 큰 돈을 벌 수 있는 좋은 기회입니다. 속임수가 전혀 없는 돈벌이니 마음 편히 이리 오십시오."

야바위꾼은 행인들의 시선을 모으기에 바빴다. 그의 그러한 노력은 헛되지 않아서 하나둘 사람들이 모여들었다.

"이 깡통 속에는 10개의 플라스틱이 들어 있습니다."

야바위꾼이 깡통을 흔들었다.

"딸랑, 딸랑······."

깡통과 플라스틱 부딪치는 소리가 요란했다.

그가 말을 이었다.

"플라스틱에는 숫자가 선명히 적혀 있습니다. 이렇게 말입니다."

그가 깡통 속에서 플라스틱 하나를 꺼내어 보여주었다. 1000이란 숫자가 큼직하게 인쇄된 원통형의 플라스틱이었다.

"모두 1000이라고 쓰여 있나요?"

야바위꾼 바로 앞에 선 중년의 아주머니가 물었다.

"아닙니다. 그렇다면 재미가 없죠."

그렇게 말하면서 야바위꾼은 깡통을 뒤집어 엎었다. 플라스틱 10개가 와락 쏟아져 나왔다.

"보십시오."

그가 플라스틱을 하나하나 자세히 보여주었다. 10개의 플라스틱 가운데 다섯 개는 0, 2개는 500, 2개는 1,000 그리고 나머지 하나는 10,000이란 숫자가 선명히 적혀 있었다.

"그게 어쨌다는거요?"

의심스러운 눈초리로 앞머리가 벗겨진 한 시민이 그렇게 물었다.

"플라스틱에 적힌 이 숫자는 돈을 뜻합니다. 꺼내어서 적힌 액수만큼의 돈을 여러분께 드리도록 하겠습니다."

"공짜로 말인가요?"

중년의 아주머니가 또 물었다.

"저도 돈 벌겠다고 나온 놈인데 그렇게는 할 수 없구요, 한 번 뽑을 때마다 단돈 1천 원씩만 내시면 되겠습니다."

"……"

"자, 모두 와서 하나씩 꺼내 보세요."

야바위꾼이 정신없이 깡통을 흔들었다.

"딸랑, 딸랑……."

깡통 부딪치는 소리가 점점 거세어졌고, 그럴수록 행인들의 시선은 더더욱 깡통에 집중되었다.

그러자 야바위꾼이 그들의 호기심을 더욱 부추겼다.

"두 번 다시 오지 않는 절호의 기회입니다!"

시민들은 망설였다. 1,000원을 내고 뽑는 것이 정녕 이득일지 정확한 판단을 내리지 못하고 있는 까닭이었다.

기대값 계산

과연 누가 이익일까?

이것을 명확히 판정하기 위해서는 기대값을 알아야 한다. 기대값이란 쉽게 말해서 평균이라고 생각하면 되는 것으로, 그것이 금액일 경우 기대금액이라고 한다.

야바위꾼이 들고 있는 깡통 속에 담긴 10개의 플라스틱에 적힌 숫자의 총합은 다음과 같다.

$$0 + 0 + 0 + 0 + 0 + 500 + 500 + 1{,}000 + 1{,}000 + 10{,}000 = 13{,}000$$

따라서 하나의 플라스틱이 평균적으로 지니는 가치(기대금액)는 플라스틱에 적힌 숫자의 총합을 플라스틱의 개수로 나누면 될 터이다.

이렇게 말이다.

$$\frac{13{,}000}{10} = 1{,}300$$

즉, 플라스틱 하나가 갖는 평균값(기대금액)은 1,300원이 되는 것이다. 그러므로 야바위꾼은 행인들이 플라스틱 하나를 뽑을 때마다 적어도 1,300원은 받아야 본전이 되고, 이득을 보기 위해서는 그보다 많은 돈을 받아야 하는 것이다. 거꾸로 말해서 1,300원 이하의 돈을 받을 경우 야바위꾼은 무조건 손해를 보게 되는 셈이다.

1,300원 이하면 무조건 시민이 이득을 본다는 것은 쉬이 검증이 된다. 예를 들어, 야바위꾼에게 질문을 던진 중년의 아주머니가 10,000원을 내고 연거푸 10번을 뽑았다고 하자. 그러면 그녀는 총액으로 13,000원을 받게 되는 것이므로 3,000원을 더 벌어들인 셈이다.

물론 여기에는 야바위꾼의 교묘한 속임수가 전혀 깔려 있지 않은 정정당당한 거래였을 때라는 가정이 전제 조건이긴 하다. 가령, 한 번 뽑은 플라스틱을 다시 깡통 속으로 집어넣는 것이라면 이야기는 완전히 달라진다. 그때는 야바위꾼의 이득이 월등히 높아지게 된다.

결국은 꽝으로 돌아오는 복권의 세계
복권과 당첨

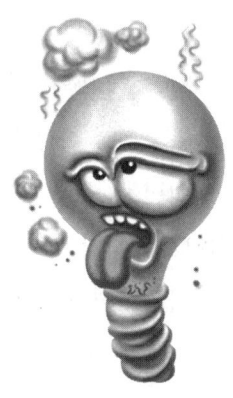

▌복권 천국

지난 30여 년간 남부럽지 않은 고도 성장을 구가해 오던 대한민국호가 출렁이고 있다. 우리 경제가 난기류에 휩싸이며 극심한 진통을 겪고 있는 중이다. 무너지리라곤 감히 상상도 못한 대기업이 추풍낙엽처럼 우수수 스러졌고, 그들에게 돈을 꿔준 은행마저 부도의 공포에 시달리다 망하기도 했으며, 명예퇴직이라는 명분 하에 실업자들은 나날이 폭증하였다.

이렇게 우리 나라의 경제가 외국의 빚더미에 깔려 급작스러운 위기에 빠지게 된 데에는 여러 원인이 복합적으로 작용을 하였을 터이나 이걸 여기에서 논하자는 게 아니라, 그러는 와중에 국민들 사이에 한

탕주의 심리가 알게 모르게 퍼져 나갔는데, 그 한 예로써 복권을 짚어 보자는 것이다.

정부와 지방 자치 단체 그리고 행정 기관은 갖가지 명목을 내세우며 여러 종류의 복권을 무차별적으로 발행했고, 사행심을 잠재우기는커녕 오히려 부추기는 데 일조했다.

"심심풀이로 가벼이 한 장 사서 운이 좋으면 크게 한몫 챙기는 겁니다. 그리고 맞지 않으면 주택 건설이나 스포츠, 그리고 국가 발전에 기여하게 되는 뜻 있는 일이니 일석이조가 아니겠습니까."

어디를 가도 손쉽게 구할 수 있고, 종류도 다양한 복권을 과대 선전하는 이러한 문구는 도처에 널려 있다.

1969년 주택 복권이 발매되고, 1990년 즉석 복권이 도입된 이후로 우리 나라의 복권 시장은 하루게 다르게 부쩍부쩍 증가해서 로또 복권까지 가세한 지금엔 연간 수천억 원을 넘어 조 단위의 거대 시장으로 성장하였다.

당첨 확률 30% 이상과 실제 결과

사람들은 복권을 사면서 1등에 당첨되어 단숨에 거액을 거머쥐겠다는 부푼 꿈을 꾼다. 이것은 만연한 한탕주의가 양산한 바람직스럽지 못한 풍조이다. 하지만 그러한 바람은 현실과는 너무도 거리가 멀다. 복권 1등 당첨은 상상 속에서나 그려볼 수 있는, 가뭄에 콩 나듯 이루어지는 요행에 불과한 일일 뿐이기 때문이다.

"눈 딱 감고 이 복권을 사세요. 당첨될 확률이 무려 30%가 넘는 복이 그냥 굴러들어오는 복권입니다."

대개의 복권 발행자들은 이렇게 강조하며 사람들을 유혹한다.

〈당첨 확률 30% 이상!〉

연 은행 금리가 10%가 못 되는 현실에서 30%라는 비율은 떨쳐내기 어려운 유혹이다. 그래서 적잖은 사람들이 복권에 대한 미련을 씻어 버리지 못하고 있다. 그러나 바로 거기에 복권의 허와 실이 숨어 있다.

500원짜리 복권 100장을 무작위로 구입하여서 당첨된 것을 계속 바꾸어 보았더니 결국엔 꽝이 된 다음의 사례는 복권의 허와 실을 여실히 보여주고 있다. 즉, 처음 도전에선 복권 발행자의 말대로 30% 가까이 당첨이 되었으나 그걸 복권으로 계속 바꾸어서 맞춰보았더니 여섯 번째 교환에서는 그 모두가 꽝이 된 것이다.

당첨금 교환 사례

횟수 \ 당첨 금액	500원	1000원	5000원 이상
첫번째	25	5	1
두 번째	8	2	0

세 번째	3	1	0
네 번째	2	1	0
다섯 번째	1	0	0
여섯 번째	0	0	0

복권의 기대값

주택 복권 당첨의 95% 이상은 500원이나 1,000원짜리 소액 당첨이다. 이렇게 소액으로 당첨된 복권은 예외 없이 현금이 아닌 복권으로 재 교환하여 1등 당첨에 대한 꿈을 다시 한껏 부풀려 보는 게 현실이지만 결국은 꽝이 된다. 이것은 당첨은 되었어도 애초에 당첨이 되지 않는 것과 다르지 않은 결과다. 그래서 복권의 기대금액은, 날개가 푹 꺾이어서 무방비로 추락하는 새처럼 터무니없는 가격으로 뚝 떨어지게 된다. 이러한 결과를 전체적으로 고려해서 계산한 500원짜리 주택 복권 한 장의 기대값은 140원 남짓이다.

그러니 복권 발행자는 500원짜리 주택 복권 한 장을 팔면서 150원만 받아도 남는 장사가 되는 셈이다. 그런데 무려 500원을 받고 팔고 있으니 그야말로 이문이 남아도 이만저만 남는 장사가 아니다. 그래서 복권 장사를 가리켜서 하늘이 무너져도 절대 망하지 않는 장사라고 부르는 것이다.

일확천금의 헛된 꿈에 이끌리어서 복권을 사고 도박을 하는 것은 패가망신하는 지름길이다.

자살 확률이 높을까, 피살 확률이 높을까

나날이 요긴해지는 확률적 접근

친숙해진 확률

요사이 확률이라는 용어가 우리 귀에 상당히 친근해져 있다. 일찍이 확률에 대해 사람들의 관심이 이렇게 증폭되었던 적은 없었는데, 로또 복권 열풍이 그러함에 일조했음은 부인하기 어렵다.

확률과 도박의 관계는 뗄래야 뗄 수 없는 사이다. 어떻게 하면 내기에서 이기나 하는 걸

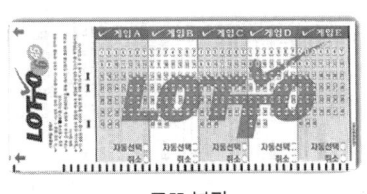

로또 복권

궁리하면서부터 확률의 본격적인 연구가 시작된 까닭이다. 허나 그렇다고 해서 확률의 의미가 복권과 같은 승률 게임에만 한정돼 사용되는

건 아니다. 예전에야 그러함이 강했을 수 있을 터이지만 요즘에는 물리학, 생물학, 경제학, 사회학 등등 확률의 개념을 수용치 않는 곳이 없다. 어디 그뿐인가? 확률은 학문적 영역을 뛰어넘어 일상 생활 전반에까지 두루두루 퍼져 있는 게 오늘의 현실이다.

예전에는 눈(snow)이라고 하면, '자기, 우리 첫눈 오는 날 덕수궁 돌담길 앞에서 만나' 하는 식의 감정적 접근만 하면 그것으로 다분히 족했다. 그러나 여러 여건이 그때와 같지 않은 지금, 눈을 그렇게만 보는 사람은 없다. 눈이라고 하면 그러한 낭만보다는 교통 정체를 더 먼저 떠올리는 사람이 많게 되면서 눈은 어느덧 확률과 밀접한 관계를 맺게 되었다. 내일 눈 내릴 확률이 얼마나 되지, 하는 식의 문장은 일상의 대화 문구가 돼 버린 지 이미 오래다.

확률로 불안감을 던다

알려면 제대로 알아야 한다, 서투르게 알면 아니 아는 것만 못하다, 라는 속담이 있듯이, 확률도 그러함에서 예외일 수는 없다. 신문이나 뉴스를 보면 거의 매일 빠지지 않고 나오는 소식이 살인에 관한 얘기이다. 그러다 보니 우리의 뇌리 속에는 자살보다는 피살되는 경우가 월등히 높을거라는 인식이 강하게 각인돼 있는데, 실상은 그렇지가 않아서 미국과 같이 총기 범죄가 난무하는 곳에서도 피살될 확률이 자살할 가능성보다 낮게 나온다. 국내에서 통계 분석한 1990년과 1999년의 자살과 피살율 자료도 그러한 사실을 뚜렷이 보여준다. 다음의 데이터 속 자살과 피살자의 수는 인구 100,000명당을 기준으로 한 것이다.

년 도	자살자의 수(명)	피살자의 수(명)
1990	9.8	1.9
1999	16.1	1.7

1999년 통계에서 자살자의 수가 급증한 원인은 IMF 경제난에 기인한 것으로 해석된다.

이렇듯 인식 가능한 전망을 외면한 채 현상을 바라보면 과장된 불안감에 휩싸일 수가 있다. 그러나 이건 달리 말하면 과학적 예측을 이용하면 황당무계한 공포심을 완화시킬 수가 있다는 뜻이기도 하다. 항공기 사고를 생각해 보자. 항공기를 타면, 혹시나 이 비행기가 떨어지면 어쩌나 하는 불안한 생각을 누구나 하기 마련인데, 일부는 극도의 공포증까지 드러내곤 한다. 그러나 이것도 확률을 생각함으로써 긴장의 정도를 다소 누그러뜨릴 수가 있다. 항공기 사고 통계를 보면 몇 년에 한 번 꼴로 공중 폭발이나 추락 등의 사고가 발생한다. 그러니 요 근래에 그러한 대형 참사가 있었다면 내가 타고 있는 항공기에 문제가 발발할 가능성은 확률적으로 거의 없다고 보아도 무방하다. 그리고 항공기 사고가 전세계적으로 몇 년간 뜸했다고 하면, 항공기 사고가 일어날 가능성이 번개에 맞을 확률보다 작다는 걸 상기하면 된다. 한 번 생각해보라, 지금 이 순간에도 전세계 곳곳에서 이착륙을 하고 있는 항공기의 숫자가 얼마인지를.

속속 등장하는 확률적 아이디어

확률과 우리의 삶이 친숙해지다 보니 경제적 효율성을 증대시키려는 아이디어가 속속 등장하고 있다. 크리스마스 날 눈이 내리면 경품을 주겠다고 하는 상술이 그 좋은 예일 터이다. 더불어 경품 행사를 하면서 초콜릿 1만 세트를 상품으로 내걸기로 했다면 그 모두를 1등 한 사람에게 몰아서 주느냐, 10명에게 1000세트씩 나눠주느냐, 100명에게 100세트씩을 배분하느냐, 아니면 한 명에게 한 세트씩 골고루 돌아가게 하느냐 중에서 어느 것이 세인의 관심을 가장 크게 불러모아 회사의 매출 신장에 가장 큰 도움을 줄지 진중히 논의해 볼 가치는 있으리라 본다. 판매액의 일정량을 상금으로 주어 판매자는 손실을 보지 않으면서도 그걸 한 명에게 크게 몰아줌으로써 구매자에게는 환상에 대한 기대를 한껏 부풀려주어 매번 큰 수익을 올리는 로또 복권의 상술을 되새기면서 말이다.

불확실성이 나날이 가중되어가고 있는 요즘, 현재 발발하는 사건이나 미래에 벌어질 일에 대해 이것이다 라고 답을 딱 꼬집어내기엔 역량이 딸리는 우리에게, 생활의 위험을 관리한다는 차원에서라도 확률적 접근은 그래서 더더욱 요긴한 방편이 되리라 본다.

교과서 밖에서 배우는 / **재미있는 수학상식**

4 묘미 가득한 수학

눈보라를 헤치며 걷고 또 걸었으나 / 양 발의 걸음 폭, 똑같지 않다
아킬레스와 거북이 / 패러독스
지구 표면에서 겨우 2.5cm / 수학의 묘미
고대 이집트인의 수학 / 최초의 문제
컵 뒤집기 / 증명의 중요성
스무 고개면 못 맞힐 것이 없다 / 2분법적 사고
자동차의 판매 대수를 강하게 부각시켜라 / 그래프의 눈속임
여성이 수학에 약한 이유 / 여성과 수학
수학은 확실한 것만 추구한다 / 수학과 과학이 다른 점
수학의 노벨상 / 필즈상

눈보라를 헤치며 걷고 또 걸었으나
양 발의 걸음 폭, 똑같지 않다

수용소로 되돌아온 탈옥수들

눈보라가 거세게 휘몰아치는 겨울 밤이었다. 무기수 다섯 명이 과감히 탈출을 시도했다. 그들은 이곳에서 이대로 늙어 죽느니 붙잡혀서 몽둥이 찜질을 당하더라도 차라리 탈출 시도라도 하자며 눈발이 세차게 내리는 캄캄한 밤중에 수용소를 빠져나가기로 약속했던 터였다.

전기가 흐르는 울타리를 간신히 빠져 나온 그들은 광활히 펼쳐진 간척지를 벗어나야 했다. 그곳은 지평선이 울타리인 듯 끝이 보이지 않는 망망 대지였다.

날이 밝기 전에 이곳으로부터 멀리 벗어나야 했다. 죄수들은 아무런 생각 없이 무작정 걷고 또 걸었다. 그렇게 걸음을 내딛다 보면 인가가 나올 것이라는 믿음을 갖고 발을 내디뎠다.

얼마나 지났을까. 한치 앞을 가늠하기 힘든 눈발은 여전했다. 저쪽에서 붉은빛이 광채를 띠며 솟구치고 있었다. 새벽이 오는 징후였다. 그러나 아직도 인가가 보이지 않으니 불안했다. 그 때였다. 앞서 걷던 젊은 죄수가 양손을 치켜들고 목이 터져라 외치는 것이었다.

집이 보인다!

그가 오른손으로 가리키는 앞쪽에 아직 가시지 않은 새벽녘 검은빛 사이를 뚫고 전등 불빛이 반짝이고 있었다.

살았다!

누가 먼저랄 것도 없이 그렇게 외치며 죄수들은 불빛을 향해 달렸다. 밤새 눈보라를 헤치며 걸어온 터여서 지칠 대로 지친 육신이었으나 어디서 그런 힘이 나오는지 그들의 내달음은 단거리 육상 선수를 뺨칠 정도였다. 그러나 헐레벌떡 문을 열고 그 집 안으로 들어선 죄수들은 기겁을 하고 벌렁 나자빠지지 않을 수가 없었다. 금실 좋은 지긋하게 나이 든 시골 농부 부부가 기거하고 있을 줄 믿었는데 어이없게도 그들을 반겨 맞은 이는 다름아닌 간수들이었다. 그들이 탈옥을 한 바로 그 수용소의 간수들이었던 것이다.

보폭의 미세한 차이가

대체 이게 어찌 된 영문일까? 무사히 탈옥을 한 죄수들이 걷고 또 걸어서 결국 도착한 곳이 그들이 도망쳐 나온 수용소라니.

우리가 똑바로 길을 걸을 수 있는 것은 눈의 도움이 절대적이다. 그건 눈을 꼭 감고 걸어보면 확연하게 입증이 된다. 비틀비틀 내디딘 끝에 당도한 곳은 처음에 의도한 곳과는 너무도 거리가 있다.

눈발이 심하게 내리는 날도 이와 마찬가지 조건이다. 좀체 앞을 가늠할 수 없으니 눈을 뜨고는 있으나 감고 걷는 것과 진배없는 상황이다. 눈으로 바로잡으며 걸음을 내딛지 못하는 환경이다 보니 처음 생각한 곳과 멀어질 수밖에 없다. 그래서 죄수들이 눈발을 헤치며 걷고 또 걸었어도 수용소 근방을 벗어나지 못했던 것이다.

그리고 여기에 덧붙여 양 발의 걸음걸이가 미세하나마 차이가 있다는 것도 죄수들이 수용소로 되돌아오는 데 주요한 역할을 했다. 사람이나 동물이나 좌우 근육의 발달 정도가 완전히 일치하지 않는다.

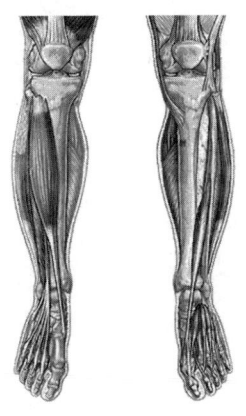

왼손을 자주 사용하면 그 쪽이 강해지고 오른발을 빈번히 쓰면 그 쪽이 발달한다. 그래서 걸을 때 누구는 왼발을 또 누구는 오른발을 좀 더 앞으로 내디디며 걷게 된다. 제아무리 똑바로 걷는다고 해도 왼발과 오른발이 내딛는 보폭의 차만큼을 눈이 수정해서 발걸음을 보정해

주지 않으면 곧게 나아가지 못하고 어느 한 방향으로 치우쳐서 이동하게 되는 것이다.

예를 들어 오른발의 보폭이 상대적으로 큰 사람은 반드시 왼쪽으로 치우치게 된다. 강에서 보트를 젓다가 오른쪽 노를 강하게 휘저으면 배가 왼쪽으로 빙빙 도는 것과 다르지 않은 이치이다.

한치 앞을 내다보기 힘든 악조건 속에서 왼발과 오른발의 보폭 차가 0.1mm만 되어도 눈으로 그걸 바로잡지 않은 채 10Km쯤 걸으면 빙글빙글 돌아서 결국은 제자리로 돌아오게 된다.

아킬레스와 거북이

패러독스

제논의 역설

고대 그리스의 수학자들은 불확실한 것을 다루지 않았다. 완전한 모양을 제대로 갖춘 것만 고려한 것이었다.

그들이 그처럼 애매모호한 문제를 기피한 이유는 그러한 문제를 풀면서 극심한 혼란에 빠져들었기 때문이다. 늘 허탈함에 빠지기 일쑤였고 심지어는 정신 착란 증세까지 보였다.

생각해 보고 또 생각해 보아도 아무런 소득도 얻지 못하고 결국 흐지부지 끝나고 마는 그러한 문제들 가운데 하나가 '제논의 역설'이다.

제논

제논(Zenon, BC 335?~263?)은 고대 그리스의 대학자로 그가 제시한 역설 가운데 '아킬레스와 거북이'라고 이름 붙여진 유명한 이야기가 있다. 그것을 여기에 소개해 본다.

아킬레스는 그리스 신화에 등장하는 인물로서 바다의 여신 테티스와 펠레우스 왕 사이에서 태어난 아들이다.
아킬레스의 어머니는 아들을 불사신으로 만들기 위해 황천의 강 스틱스에 아킬레스의 몸을 담갔다.
그러나 그녀가 깜빡 하여 손으로 쥐고 있는 아킬레스의 발뒤꿈치를 물에 담그지 않은 것이 화근이 되어 그곳이 돌이킬 수 없는 치명적 급소가 되고 만 것이었다. '아킬레스건'이란 바로 거기에서 유래한 명칭이다.

아킬레스와 테티스 여신

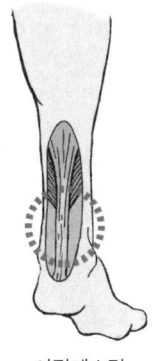
아킬레스건

무척이나 발이 빠른 아킬레스와 세상에서 가장 느린 동물의 대표격인 거북이와의 달리기 시합은 삼척동자도 예측이 가능할 만큼 뻔한 승부다. 그러나 뜻밖에도 결과는 아킬레스가 거북이를 결코 따라잡을 수가 없다고 하는데……. 아킬레스가 거북이를 이길 수 없는 진상은 이렇다.

아킬레스와 거북이가 100m 달리기 시합을 하기 위해 각자의 정해진 출발선으로 걸어가고 있었다. 그러나 이 대결을 놓고 그들이 받아들이는 마음 가짐은 극과 극일 만큼 달랐다.

아킬레스의 입장에서 본다면 이것은 해보나마나 한, '뛰어 봐야 벼룩'이란 말이 그럴 듯하게 어울리는 게임이었다.

반면, 거북의 입장에서는 차라리 팥으로 메주를 쑤는 편이 더 나을 만큼 승산이 거의 없는 게임이었다.

그러한 사실을 누구보다 잘 알고 있는 거북이였다. 정상적인 방법으로는 결코 아킬레스를 이길 수 없다는 엄연한 결과를 익히 알고 있는 터여서 거북은 이기겠다는 허황된 욕심을 부리기보다 나름대로 열심히 달려보겠다는 데에 참여의 뜻을 두고 있을 뿐이었다.

그렇다면 아킬레스의 생각은 또 어떤가. 어차피 성큼성큼 걸어가도 거북이보다 한참이나 앞서서 결승점에 도착할 것이 불을 보듯 뻔하니 출발 신호만 빨리 떨어지길 기다릴 뿐이었다.

그렇다. 너무도 자명한 결과였다. 도저히 그대로 시합을 치를 수는 없는 일이었다. 일사천리로 진행되어 아킬레스가 출발점부터 월등히 앞서 나가는 뻔한 시합에 흥미를 느낄 관중은 없는 것이다.

그래서 주최측에서 이런 제안을 하였다.

"거북이가 아킬레스보다 50m 앞서서 달린다."

이에 대해 아킬레스도 이의를 달지 않았다.
'그까짓 거리쯤이야 단번에…….'
아킬레스는 속으로 홍얼홍얼 콧노래를 불렀다.
"제자리에."
심판이 오른손을 쭉 들어올렸고 아킬레스와 거북은 출발선에 서서 스타트 자세를 취했다.
"땅!"
마침내 출발 신호가 떨어졌다.
아킬레스와 거북은 동시에 달음박질을 시작했다. 거북은 결승점을 향해 젖 먹던 힘까지 쏟아 부으며 힘차게 발걸음을 내디뎠으나 예견한 대로 그들의 속도는 비교가 되지 않았다. 간격은 빠르게 좁혀지고 있었다.

'조금만 더 달리면 거북이가 출발한 50m 지점이야.'

아킬레스가 땀을 뻘뻘 흘리며 앞서 가고 있는 거북의 등을 줄기차게 바라보며 생각했다.

아킬레스가 그러한 생각을 하고 있는 반면에 거북은 나름대로 다음과 같은 판단을 하고 있었다.

'잠시 후면 아킬레스가 50m 위치에 도착하겠지. 하지만 그때 나는 이미 그보다 몇 발짝은 더 앞서 있을걸.'

거북은 고개를 뒤로 돌리며 의미심장한 미소를 아킬레스에게 던졌다.

아킬레스가 50m 지점에 도착했다. 그러나 거북은 이미 그 자리에 없었다. 아킬레스가 그곳까지 달려온 시간만큼 거북도 열심히 내달렸기 때문에 저만큼 앞서 나가 있는 것이다.

아킬레스가 또다시 달려서 거북이가 앞서 있던 곳에 이르렀다. 그러나 거북은 이번에도 아킬레스보다 좀더 전진해 있었다.

그다지 오랜 시간이 지난 것은 아니었으나 아킬레스가 쫓아온 시간만큼 거북이도 한 곳에 멀뚱히 정지해 있지는 않았기 때문에 거북이가 아킬레스보다 한 발이라도 앞서 있는 것은 당연한 결과였다.

논리의 모순, 역설

이게 무슨 해괴망측한 결과란 말인가?

이런 식으로 논리를 술술 풀어 나가다 보면, 결국에는 아킬레스가 거북이를 절대로 따라잡지 못하는 기상천외한 사건이 벌어지지 않는가!

이런 논리대로라면 거북이가 굳이 50m나 앞서 나가 있을 필요도 없다. 1m, 1cm, 심지어 1mm만큼만 전진해서 달리더라도 결과는 달라지지 않는다.

아킬레스가 거북이가 머문 곳까지 뛰어가는 동안에 거북이도 쉬지 않고 내달렸을 것이기 때문에 거북이는 아킬레스보다 0.0000001mm 라도 항상 앞서 있을 테니까 말이다.

그렇다. 이 논리는 전혀 틀린 구석이 없는 듯하다.

그러나 실제로 시합을 하면 어떤가. 아킬레스는 큰 힘 들이지 않고 거북을 쉬이 따라잡을 수가 있다.

그렇다면 아킬레스와 거북이의 경주를 나름대로 해석한 이 논리의 어디에 잘못이 있는 것일까?

결코 잘못은 없다.

이처럼 논리적으로는 하등의 문제가 없는데 결과는 사실과는 전혀 다른 모순된 결과를 낳는 추론을 '패러독스(paradox, 역설)' 라고 한다.

지구 표면에서 겨우 2.5cm
수학의 묘미

노아의 대홍수

성서에는 수많은 신화적 전설이 전해 내려온다. 그 중에 〈노아의 대홍수〉라는 것이 있다.

성서 창세기 편에 따르면, 신이 인간을 만들어서 지구에 내려보낸 것을 몹시 후회하고 이렇게 말했다고 한다.

"공연히 인간을 만들었어. 인간뿐 아니라 땅 위를 기는 모든 짐승과, 공중을 나는 새까지 모조리 없애 버려야겠어."

신은 지구상의 모든 생물을 쓸어 버릴 묘안을 궁리하다가 그 방법으로 홍수를 택했다. 성서는 그 부분에 대해 이렇게 설명하고 있다.

"폭우가 내린 지 이레가 지나자 지상에 홍수가 났다. ……40여일 밤낮으로 쉬지 않고 비가 쏟아져 내렸고, 어느 곳이라도 배를 띄우기에 부족하지 않을 만큼의 물이 불어났다. 물은 계속 불어서 하늘 높이 치솟은 산이 다 잠겼으며 땅 위의 모든 생물이 자취를 감췄다.……"

수학적 검증

그렇다면 성서 속의 이 내용을 수학의 합리적인 이론을 충실히 동원하여 탄탄히 검증해 보자.

지상에 대홍수를 일으킨 것은 무차별적으로 쉼 없이 쏟아져 내린 비이다. 비는 대기 중에 골고루 흩어져 있는 공기 분자들이 꼬옥 꼬옥 뭉쳐서 지상으로 낙하한 것이다. 다시 말해서, 공기 속에 두루두루 퍼져 있는 수소와 산소 원자들이 여러 원인들로 인해 모여서 뒤엉키고 굳게 결합하여 물 분자가 되고, 그것이 결국 자체 무게를 못 이기고 지상으로 떨어진 게 비인 것이다.

그러므로 비가 내릴 수 있는 최대의 양은 아무리 많다고 해도 대기 중에 퍼져 있는 공기 입자들보다 많을 수는 없다.

지표에서 상공으로 쭉 쌓여 있는 공기를 꾹꾹 누르면, 그 양은 최대로 봐 주어도 $1m^3$의 공간 속에 25kg을 넘지 않는 비율이 된다. $1m^3$는 가로 세로 높이가 각각 1m인 부피를 말한다. 즉, 가로 세로 높이가 정확히 1m씩인 정육면체 속에 공기는 최대로 25kg 남짓하게 포함되어 있다는 뜻이다.

부피는 밑면적(가로와 세로의 곱)과 높이를 곱한 값이다.

이렇게 말이다.

부피 = 밑면적 × 높이

이것을 높이에 대한 식으로 고치면 이렇게 바뀐다.

$$높이 = \frac{부피}{밑면적} \cdots\cdots (1)$$

식 (1)이 보여주듯, 비가 내릴 수 있는 총 높이는 기둥의 부피를 밑면적으로 나누면 간단히 구할 수가 있다.

이렇게 말이다.

$$비의 높이 = \frac{부피}{비\ 기둥의\ 밑면적} \cdots\cdots (2)$$

이제 비 기둥의 밑면적과 부피를 알면 비의 높이를 거뜬히 해결할 수가 있다.

비 기둥의 밑면적은 가로와 세로의 곱이므로 $1m \times 1m = 1m^2$가 된다. 그리고 비 기둥의 부피는……, 이것을 구하려면 무엇보다 밀도를 알아야 한다.

밀도는 질량을 부피로 나눈 값이다.

$$밀도 = \frac{질량}{부피}$$

이 식을 부피에 대해서 고치면 이렇게 바뀐다.

$$부피 = \frac{질량}{밀도} \quad \cdots\cdots (3)$$

물의 밀도는 상온에서 $1,000kg/m^3$에 거의 가깝다. $1,000kg/m^3$는 가로 세로 높이가 각각 1m인 부피 속에 1,000kg의 질량이 들어 있다는 뜻이다.

그러므로 식 (3)을 이용하여 지구 대기 $1m^3$의 공간 속에 포함돼 있는 비 기둥의 부피를 계산하면 다음과 같다.

$$비\ 기둥의\ 부피 = \frac{질량}{밀도} = \frac{25kg}{1,000kg/m^3} = 0.025m^3$$

따라서 앞의 식(2)에 이 값들을 집어넣으면 비의 높이는 이렇게 된다.

$$\text{비의 높이} = \frac{\text{비 기둥의 부피}}{\text{밑면적}} = 0.025\text{m}^3/1\text{m}^2 = 0.025\text{m} = 2.5\text{cm}$$

그렇다. 비가 아무리 오랫동안 심하게 쏟아져 내린다고 해도 특정한 곳에 집중되지 않고 지구 전체에 골고루 퍼부어 내린다면, 지구 표면을 2.5cm 이상 뒤덮을 수 없다는 것을 이 계산은 또렷이 보여주고 있다. 더구나 2.5cm라는 높이는 빗물이 땅 속으로 단 한 방울도 스며들지 않았다는 가정 하에서 얻은 결과다.

지상에서 가장 높은 에베레스트 산은 대략 9,000m에 육박한다. 2.5cm의 비로 9,000m의 산을 뒤덮는다면 지나가던 강아지도 뒤돌아 보고 웃을 일이다. 과장도 이만저만한 과장이 아니어서 무려 36만 배나 부풀린 과장이다.

이것이 바로 수학의 묘미다. 의문을 품어 보고 거기에서 모순된 점을 꼭꼭 끄집어내는 수학의 참맛이야말로 직접 맛보아 누려 본 당사자만이 느낄 수 있는 진정한 기쁨이다.

그러한 노력을 부단히 경주하는 과정 속에서 논리적이고 합리적인 수학적 사고의 틀이 우리 머리에 차곡차곡 쌓여 가는 것이다.

참고로, 이 계산은 지구 표면에 골고루 비가 내렸다는 것을 전제로 한 결과이다. 비구름이 몰려와서 어느 한 지역에 일방적으로 비를 쏟는다면 사정은 확연히 달라져서 큰 홍수가 날 수 있는 것이다.

고대 이집트인의 수학
최초의 문제

린드 파피루스

1858년 겨울의 일이었다. 영국의 젊은 골동품 수집가 린드는 휴양차 이집트에 머물다가 고대 건물의 폐허 속에서 발견한 파피루스를 구입했다. 그것은 요즘과 같은 질 좋은 종이가 발견되기 이전에 고대 이집트인들이 글을 써서 기록으로 남긴 일종의 두루마리였다.

파피루스는 나일 강가에서 자라는 다년생의 풀로서, 이집트인들은 그것의 줄기를 세로로 얇게 잘라서 배열 압착하고 그 위에 갖가지 글을 작성해서 후세에 전했다. 왕조에

린드

관한 글, 수학과 의학에 관한 이야기, 종교에 관련된 문제, 후세에게 전할 교훈적인 말 등등 다양한 내용을 파피루스에 담아서 문서화한 것이다.

그러한 고대 이집트의 파피루스 가운데 수학과 관련된 내용을 담고 있는 파피루스를 가리켜서 '린드 파피루스' 또는 '아메스의 파피루스'라고 부른다.

 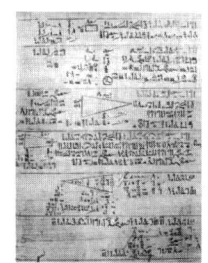

파피루스　　　　　　린드 파피루스

구입자의 이름을 따서 명명한 린드 파피루스는, 처음에 발견될 당시에는 두 부분으로 찢어진 상태였는 데다가 가운데 내용마저 빠져 있는 것이었는데, 분실된 부분은 반세기 후에 뉴욕 역사학회의 옛 장서 속에서 발견되었다.

린드 파피루스의 원본은 보통의 파피루스에 비해서 상당히 큰 편이었는데, 길이는 5m 폭은 30cm에 이르는 기다란 두루마리였다.

린드는 파피루스를 구입한 지 5년 후에 폐결핵에 걸려서 젊은 생을 안타깝게 마감했다. 그러나 그가 구입한 린드 파피루스는 상당한 고고학적 가치를 인정받고 있으며, 현재는 영국의 대영박물관에 소중하게 보관중이다.

린드 파피루스는 기원전 1700년 무렵에 작성한 이집트 수학의 실용적인 측면을 낱낱이 보여주는 입문서로서, 역사학적으로 따지면 최상급의 가치를 지닌 인류의 중요한 지적 유물 가운데 하나인 것이다. 그래서 학자들은 린드 파피루스를 가리켜서 '학문에 관한 고대의 기념비적인 유물 가운데 하나'라고 칭송하는 데 주저하지 않는다.

린드 파피루스의 글 끝에는 그 내용을 소상히 기록한 자의 이름이 '아메스'라고 적혀 있다. 그래서 린드 파피루스를 또 다르게는 '아메스의 파피루스'라고 부르기도 한다.

단위 분수를 애용

린드 파피루스의 내용을 들여다보면 고대 이집트들인이 어떤 수를 즐겨서 사용했는가를 여실히 알 수가 있다.

그들은 오늘날 우리가 애용하는 $\frac{3}{75}$, $\frac{7}{6}$, $\frac{5}{7}$ … 과 같은 분수가 아니라, 단위 분수를 절대적으로 신봉하듯 사용했다. 단위 분수란 $\frac{1}{2}$, $\frac{1}{3}$, $\frac{1}{4}$ … 처럼 분자가 1인 분수를 뜻한다.

그러한 식으로 분수를 쓰다 보니 거의 모든 분수를 단위 분수로 대체해야 할 필요가 있었다.

예를 들어서, 3을 4로 나눈 수를 $\frac{3}{4}$이라고 쓰지 않고, 두 숫자의 단위 분수 형태로 표기해야 했던 것이다.

다음과 같이 말이다.

$$\frac{3}{4} = \frac{1}{2} + \frac{1}{4}$$

이건 번거롭기 짝이 없는 숫자 표기법이다. 하지만 그럼에도 불구하고 고대 이집트인들이 굳이 단위 분수를 고집한 데에는 나름의 이유가 있었다.

다음과 같은 문제를 생각해 보자.

'사과 3개를 4사람이 고르게 나눠 먹으려면 어떻게 분배하는 것이 합리적일까?'

다음의 그림처럼 나누면 될 터이다.

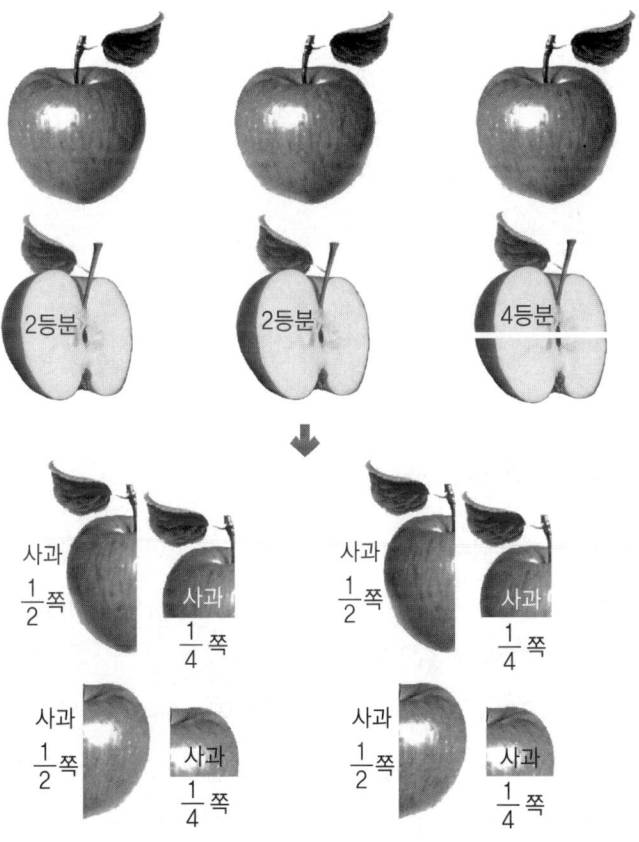

즉, 사과 2개를 반쪽으로 잘라서 하나씩 나누고, 나머지 1개를 4등분해서 하나씩 돌리면 모두에게 동등한 몫이 돌아가게 된다.

이와 같은 실용성을 충분히 살리기 위해서 고대 이집트인들은 거의 모든 수를 단위 분수의 합으로 기꺼이 표현한 것이다.

고대의 이집트인들이 단위 분수로 사용한 몇 개의 수를 더 적어 보면 아래와 같다.

$$\frac{2}{17} = \frac{1}{12} + \frac{1}{51} + \frac{1}{68}$$

$$\frac{2}{19} = \frac{1}{12} + \frac{1}{76} + \frac{1}{114}$$

$$\frac{2}{29} = \frac{1}{24} + \frac{1}{58} + \frac{1}{174} + \frac{1}{232}$$

$$\frac{2}{89} = \frac{1}{60} + \frac{1}{356} + \frac{1}{534} + \frac{1}{890}$$

$$\frac{2}{101} = \frac{1}{101} + \frac{1}{202} + \frac{1}{303} + \frac{1}{606}$$

린드 파피루스에 담긴 문제들

린드 파피루스에는 분수의 사용, 넓이와 부피의 계산, 간단한 방정식과 수열의 해법 등과 관련된 85개의 문제가 추가로 실려 있다.

다음의 문제들은 그 중의 몇몇 예일 뿐이다.

"10개의 빵을 9사람에게 공평하게 골고루 나눠주는 방법은?"

"지름 9, 높이 6인 곡물 창고가 있고 그 안에 곡물을 가득 채우려고 한다. 곡물은 최대로 얼마나 들어갈 수 있을까?"

"100개의 빵을 5사람에게 골고루 나눠주려고 한다. 몫이 많은 3사람 것의 7분의 1이, 몫이 적은 2사람의 양과 똑같게 하려면, 몫의 차가 얼마나 되어야 할까?"

 "7채의 집에 7마리의 고양이가 살고 있다. 고양이 1마리는 7마리의 쥐를 잡는다. 1마리의 쥐는 7개의 밀 이삭을 주워 먹는다. 1개의 밀 이삭은 7개의 곡물 낱알을 포함하고 있다. 7마리의 고양이는 얼마만큼의 밀을 절약할 수 있을까?"

 기원전 사람들의 수학 지식이 이 정도에 달했다는 것이 새삼 놀라울 따름이다. 숫자만 봐도 벌벌 떠는 현대인들은 한 번쯤은 깊이 반성해 볼 일이다.

컵 뒤집기
증명의 중요성

훈이의 의문

　훈이와 소영은 이번 한 주 동안에 학급의 잡일을 챙겨야 하는 주번이다. 주번은 급우들보다 적어도 30분은 일찍 와서 수업할 수 있는 준비를 간단히 해놓아야 한다.
　훈이와 소영은 주전자와 컵, 플라스틱 쟁반 그리고 수세미와 세제를 들고 수돗가로 갔다. 주말 동안 씻지 못한 컵이 더러웠다.
　훈이는 주전자를, 소영은 컵을 닦았다. 그들은 전세계적으로 물 부족 현상이 심화되고 있다는 사실을 떠올리며 한 방울의 물이라도 절약하기 위해 수돗물을 절제하며 사용했다.

주전자에 물을 담아 가야 하는데 수돗물을 그냥 받아갈 수는 없다. 수돗물을 그대로 식수로 사용할 수가 없는 까닭이다. 그만큼 우리의 강물이 심각하게 오염되었다는 뜻이다. 그래서 학교는 정수한 물을 끓여서 학생들에게 공급한다.

훈이와 소영이 물을 타 가기 위해 급식소 앞에 줄을 서 있다. 그들 차례가 오려면 족히 10분은 더 기다려야 할 듯싶다. 그것이 따분한지 소영이 쟁반에 올려 놓은 컵을 거꾸로 뒤집었다 바로 세웠다 한다.

훈이가 그러한 소영을 바라보았다. 훈이의 입가로 슬몃 미소가 스치고 지나갔다. 사람을 기다릴 때면 자기도 모르게 손톱을 깨무는 자신의 버릇이 떠오른 것이다. 소영의 손은 쉬지 않았고, 훈이 또한 그러한 그녀의 손놀림에서 눈을 떼지 않았다.

훈이가 주전자를 땅바닥에 내려놓았다.

"잠깐만!"

훈이 말을 이었다.

"문득 생각난 게 있어서 그런데 컵을 똑바로 위로 향하게 할 순 없을까?"

"그게 무슨 말이야?"

심심해 하던 소영의 귀가 번쩍했다.

"그러니까 말이야……."

훈이는 컵을 집어 두 개는 똑바로 세워 위로 향하게 해 놓고 나머지 세 개는 거꾸로 뒤집어서 엎어 놓았다. 그러나 소영의 반응은 들떠 있는 훈이와는 사뭇 달랐다. 무덤덤 그 자체였으니까.

4. 묘미 가득한 수학

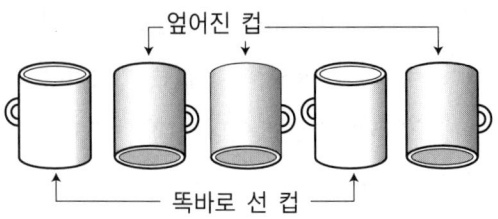

"이게 뭐 어떻다는거야?"

소영의 그런 무덤덤함에 훈이는 내심 불쾌하기까지 했다. 그러나 꾹 참으며 말을 했다.

"이런 모양에선 컵 모두를 위로 향하게 하는 것이 불가능할 것 같은데, 너는 어떻게 생각하니?"

"얘가 무슨 말을 하고 있는거야."

소영이 말을 뱉기가 무섭게 엎어진 컵 세 개를 거꾸로 뒤집어서 위로 세웠다.

"이렇게 하면 되는데, 뭐가 안 된다는거야."

소영의 얼굴에는 우습지도 않다는 표정이 역력했다.

그러나 훈이는 다시 한 번 꾹 참았다.

"물론, 컵을 하나씩 뒤집으면 가능하지. 내 말은 컵을 두 개씩 뒤집으라는 뜻이었어. 이렇게 말이야."

훈이는 무작위로 컵 두 개를 집어서 뒤집어 보였다.

소영은 그거나 저거나 뭐가 다르겠냐는 듯이 컵 두 개를 집어서 뒤집어 보았다. 그러나 간단하게 끝날 것 같았던 게임은 그 뒤로 수십 번을 뒤집어 보았어도 가능하지 않았다.

컵 뒤집어 세우기의 비밀

그렇다면 훈이의 말대로 컵을 위로 세우는 것은 가능하지 않은 일일까?

결론부터 말하자면 훈이의 예상은 올바른 것이었다. 그렇다면 그걸 증명해야 한다. 모든 사람이 의심할 수 없도록 명백히 입증해야 하는 것이다.

두 개의 컵은 위로, 세 개의 컵은 아래로 맞춰 놓은 상태에서 두 개를 뒤집는 방법은 다음의 세 가지가 가능하다.

우선 엎어진 컵 두 개를 선택하는 것이다. 이 경우는 컵 네 개가 위로 향하게 되고 하나가 엎어지는 꼴이다. 그래서 가능하지 않다.

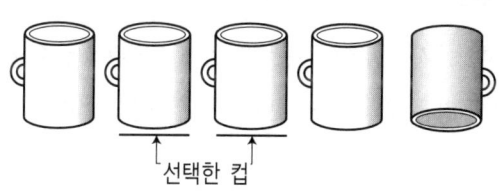

4. 묘미 가득한 수학 | **261**

다음은 엎어진 컵 하나와 위로 향한 컵 하나를 선택하는 것이다.

└선택한 컵┘

이 경우는 원래의 모양 그대로이다.

마지막으로 위로 향한 컵 두 개를 선택하는 것이다.

└─── 선택한 컵 ───┘

이 경우는 컵 모두가 엎어지게 되어서 또한 불가능하다. 그래서 컵 모두를 위로 향하게 하는 것은 아무리 애를 써도 가능하지 않은 것이다.

여기에서 우리가 배워야 할 것은 '증명'이다. 가능할 것도 같고 불가능할 것도 같다는 식의 애매모호함을 수학은 받아들이지 않는다. 가능하면 가능하다, 불가능하면 불가능하다고 딱 부러지게 제시할 수 있는 증명, 그것을 수학은 요구한다. 누구도 의심의 나래를 펴지 못하도록 확고부동한 증거를 잡아내는 일이 범죄 수사에서 중요한 일인 것처럼 수학에서 증명은 뗄래야 뗄 수 없는 몸체인 것이다.

스무 고개면 못 맞힐 것이 없다
2분법적 사고

책 속의 글자 알아맞히기

J와 S는 한 아파트의 아래 위층에 사는 절친한 사이다. 그러나 티격태격 언쟁도 만만찮다.

J가 S를 찾았다.

"뭐 하고 있었니?"

J가 소파에 앉으며 물었다.

"책 좀 읽고 있었어."

S가 거실 소파에 던져 놓은 책을 들어 보였다. 족히 300쪽은 돼 보이는 책이었다.

J는 기막힌 생각이 떠올랐는지 S를 보고 대뜸 이렇게 말했다.

"그 책의 아무 장이나 젖혀서 마음대로 글자를 하나 선택해 봐."

"왜?"

"그 글자가 몇 페이지 몇째 줄의 몇 번째 글자인지 맞춰 볼게."

J는 당당했다.

그러나 그런 J를 바라보는 S의 시선은 우습지도 않다는 표정이었다. S는 오른손으로 J의 이마를 만져 보았다.

"열은 없는데……."

"얘가 왜 이래, 난 지금 진지하다구."

J가 S의 오른손을 밀어냈다.

"넌 신이 아니야, 그저 평범한 인간이라구."

S가 말했다.

"맞아, 네 말대로 너도 인간이구 나도 인간이야. 하지만 인간이기 때문에 내가 그걸 할 수 있다는거야. 물론, 단번에 맞추겠다는 뜻은 아니야. 나도 그렇게는 못해. 스무 번의 질문을 던져서 맞추겠다는거야."

"스무 번이라……?"

"너는 단지 내가 묻는 질문에 '네', '아니오' 라고만 대답하면 돼."

"좋아!"

말을 내뱉기가 무섭게 S는 J에게 눈을 감게 한 후 책 속의 글자를 꼽았다.

J가 질문을 시작했다.

"그 글자가 1에서 150쪽 사이에 있니?"

"아니."

S가 고개를 가로저었다.

"그러면, 151에서 225쪽 사이에 있니?"

"응."

S가 고개를 끄덕였다.

J의 질문과 S의 대답은 그 뒤로 계속 이어졌다.

J가 질문을 던지는 비밀

결과가 자못 궁금하다. J는 S가 고른 단어를 정확하게 집어내었을까?

그렇다. J는 완벽하게 해냈다.

J가 일을 성공리에 완수할 수 있었던 데에는 두 개 가운데 하나를 없애는, 이분법적 질문이 통렬했기 때문이다. 즉, 질문을 하는데 '297쪽 15행의 17번째 글자지' 라는 식의 단정적 물음을 던지지 않은 것이 중요했단 뜻이다.

J가 문제를 해결한 방법은 이러했다.

우선, 300쪽 분량의 절반을 둘로 갈라서 글자가 150쪽 이내에 있느냐 없느냐를 묻고 글자가 없는 반을 제거했다.

그리고 글자가 들어 있을 151~300쪽을 다시 반으로 나누어서 151~225쪽 안에 있느냐 없느냐를 묻고 아니오 쪽을 없앤 것이다.

그런 식으로 질문을 던지며 아니오 쪽을 하나씩 제거해 나가면, 여덟 번째 질문에 가서 글자가 속해 있는 장을 거뜬히 알아낼 수가 있다. 겨우 여덟 번째 질문을 던지고서 말이다.

장을 알았으니 다음부터는 행을 절반으로 갈라서 이렇게 질문을 던지는 것이다.

"글자가 1에서 15행 사이에 있니?"

이런 식으로 또다시 예, 아니오를 물어나가면 다섯 번째 질문에 가서 글자가 속해 있는 행을 정확히 파악할 수가 있다.

그러면 이제 한 줄 속에 숨어 있는 글자를 찾아내면 되는 것인데, 이 또한 앞과 다르지 않은 방식으로 질문을 던지면 몇 번 거치지 않고 글자를 맞출 수가 있다.

평생을 걸려도 맞추지 못할 것 같은 이 물음에는, 이러한 아주 간단한 수학적인 원리가 의미심장하게 깃들어 있는 것이다.

100만 대 30만

'예, 아니오'라는 답을 이끌어내는 이분법적 질문은 한 번 물음을 던질 때마다 2가지 가능성을 추려내게 된다.

그래서 질문 두 번에 4(2×2)가지 가능성이 생기고, 질문 세 번에 8(2×2×2)가지, 네 번에 16(2×2×2×2)가지⋯⋯스무 번이면 무려 104만 8천 576가지를 알 수가 있는 것이다.

그런데 300쪽 분량의 책 속에 포함된 글자의 총수는 많이 봐줘도 30만 자를 거의 넘지 않는다. 왜냐하면 평균적으로 1쪽 당 1천 자가 안 되기 때문이다.

이분법적으로 스무 번의 질문이면 100만 가지 이상을 추려낼 수가 있는데, 30만 개 중에서 하나를 고르는 것쯤이야 그다지 어려운 일은 아닌 것이다.

자동차의 판매 대수를 강하게 부각시켜라

그래프의 눈속임

광고주의 요구

바깥은 찬 바람이 쌩쌩 휘몰아치고 있었다. 그러나 광고 회사 회의실은 용광로가 무색할 듯 후끈 달아올라 있었다.

이혁규 부장을 위시해 모인 아이디어맨들은 넥타이를 풀어 헤친 모습으로 김 차장의 설명을 듣고 있었다.

"이것은 내일까지 끝내야 할 광고입니다."

그들은 자동차 회사로부터 수주한 광고의 마무리 작업에 한창인 것이었다.

김 차장이 말을 이었다.

"작년에 새롭게 선보인 소형 승용차의 매출이 달마다 빠르게 증가했다는 사실을 아주 효과있게 부각시켜 달라는 광고주의 간곡한 요청이 있었습니다. 승용차의 월별 판매 대수는 다음과 같습니다."

김 차장은 슬라이더 프로젝트에 오에이치피(OHP) 필름을 얹었다. 작년 한 해 동안 판매한 대수가 월 단위로 일목요연하게 나타났다.

달	판매 대수
1월	1만 2천 3백
2월	1만 3천 2백
3월	1만 4천 6백
4월	1만 5천 9백
5월	1만 7천 4백
6월	1만 7천 7백
7월	1만 8천 1백
8월	1만 8천 8백
9월	1만 9천 4백
10월	1만 9천 9백
11월	2만 1천 1백
12월	2만 2천 8백

"광고주의 요구를 충족시켜 주려면 이 표에 적힌 그대로 광고를 내보낼 수는 없습니다. 대개의 시민은 숫자를 무척이나 골치 아파하는 데다가 눈에 확 띄는 것을 좋아하니까요. 그래서 어떻게 하는 것이 좋을까 해서요."

이 부장의 제안과 신참의 아이디어

"그래프로 나가자구."

이 부장이 말했다.

"그래프라면……?"

김 차장이 알 듯 말 듯한 표정을 지었다.

"학창 시절에 무수히 그렸던 좌표축을 이용하잔 말일세."

이 부장은 김 차장의 기억을 되살려 주기 위함인지 허공에다 오른손 중지로 좌표축을 그려 보였다.

"아, 알겠습니다."

김 차장은 깨끗한 오에이치피 필름을 꺼내 가로와 세로축이 직교하는 좌표를 그렸다. 그리고는 그것을 오버헤드 프로젝트에 얹었다.

김 차장 옆에 설치한 하얀 스크린에 원점을 중심으로 하고 좌우 상하로 교차하여 곧게 뻗은 두 개의 화살표가 선명히 나타났다.

"그렇게 갈라진 4구역 가운데 음수가 한 곳이라도 들어 있는 부분은 일상에서는 쓸모가 없는 것이잖은가. 그러니까 가로와 세로축이 모두 양수인 오른쪽 위 것만 택해서 그래프를 그리자구."

"알겠습니다."

김 차장은 대답을 하기가 무섭게 이 부장이 언급한 좌표 영역에 또박또박 눈금을 그려 나갔다.

"가로축의 한 눈금은 한 달로 하면 무난할 테고, 세로축의 한 눈금은 5천 대로 정하자구."

이 부장이 가볍게 말을 던졌다.

4. 묘미 가득한 수학 | **269**

김 차장은 이 부장의 말대로 가로축은 1월에서 12월까지를 또박또박 기입했고, 세로축은 5천대, 1만대, 1만 5천대…… 를 차례로 적었다.

"다 표시했습니다."

김 차장이 고개를 들고 펜을 내려놓았다.

"그러면 월별 판매 대수를 점으로 찍어서 표시해 보자구."

김 차장은 각 월마다 판매한 자동차 대수를 점으로 하나하나 찍었다. 그리고는 그렇게 표시한 12개의 점들을 쭉 이었다. 자동차의 판매량을 보여주는 선이 스크린에 확연히 드러났다.

"미진한데……?"

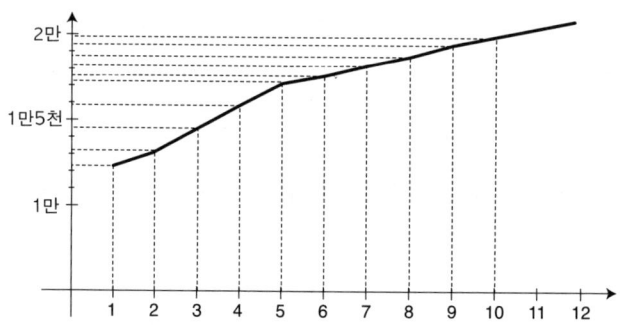

그랬다. 그래프는 너무 밋밋했다. 선이 매달마다 솟구치듯 확확 치솟아 올라야 구매력을 자극할 텐데, 1월과 12월을 이은 선이 거의 일직선에 가까운 이런 그래프로는 소비자들을 끌어들이지 못할 게 불을 보듯 뻔했다.

그때 신참내기 사원 최영길이 나섰다.

"판매 대수를 나타내는 세로축의 눈금 폭을 세밀히 나누면 그래프가 뚜렷하게 올라갈 겁니다."

"맞아!"

이 부장이 오른손 엄지와 중지를 튕겼다. '딱' 소리가 유난히 크게 울렸다.

"왜 내가 그걸 생각 못했지, 김 차장 세로축의 눈금을 가늘게 나누어서 빨리 그래프를 다시 그려보게나."

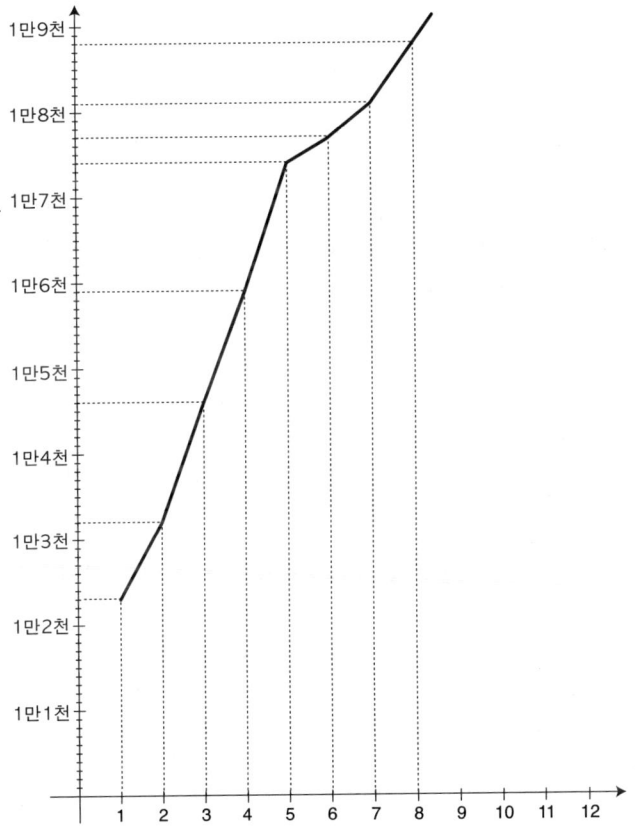

이 부장이 얼굴 가득 환한 미소를 지으며 말했다. 김 차장이 잘게 나눈 세로축의 눈금에 자동차의 월별 판매 대수를 찍어 넣고, 12개의 점들을 연결했다. 그러자 영길의 말대로, 그래프는 회오리 바람을 타고 솟아오르듯 급신장하는 모양으로 변모하는 것이었다.

"놀라워……!"

이 부장이 내뱉은 감탄사가 실내를 휘감았다.

그래프에 담긴 속임수

그렇다. 그래프를 이용하면 자동차의 판매 대수쯤 눈 속임하는 것이 그다지 어려운 일이 아니다. 자동차의 판매 대수가 더욱 급신장한 것처럼 보이게 하려면 세로축의 폭을 더 세밀하게 쪼개면 될 터이다.

이처럼 도표로 봐서는 뚜렷한 변화가 없을 것 같은 판매량도 그래프로 꾸며 놓으면 품팔이하던 여종을 일순 신데렐라로 바꾸어 버리듯이 엄청난 변모를 가장할 수가 있다.

똑같은 수치를 가지고서도 이렇듯 시각적인 효과를 천차만별이게 바꿀 수 있는 것은 실로 무시무시한 일이 아닐 수 없다. 이러한 그래프 눈 속임은 소비자 물가 상승률, 국회의원이나 대통령의 지지율, 종합 주가지수 등을 꾸미는 데 적절히 이용되곤 한다.

여성이 수학에 약한 이유
여성과 수학

유명한 여성 수학자는?

"딩동댕,……."

오늘의 첫 수업 시작을 알리는 종소리가 울렸다. 그와 동시에 최영신 선생님이 교실 문을 열고 들어왔다. 또다시 즐겁지 않은 수학 시간이 찾아온 것이다.

최 선생님은 학생들에게 늘 질문을 던진다. 대답을 못한 학생은 다음 시간까지 그 문제의 답을 알아 와야 하는 것은 물론이고, 공책에 10번씩 써 와야 한다. 그래서 학생들은 수학 시간만 되면 항상 고개를 푹 숙인다. 그야 물론 최 선생님과 눈이 마주치지 않도록 하기 위해서다.

훈이는 고개를 푹 수그려서 수학책을 읽는 시늉을 하고 있다. 그렇게 해서 그는 늘 이 선생님의 부름을 비켜나갈 수가 있었다. 그러나 오늘은 그러한 방법이 통하지 않았다.

"박훈."

최 선생님이 훈이를 불렀다.

훈이의 가슴은 꽁당꽁당 뛰었다.

'제발 쉬운 문제를……'

훈이는 간절한 바람을 담은 눈빛으로 최 선생님을 바라보았다. 그의 그러한 마음을 그녀가 이해해 준걸까, 질문은 의외로 쉬웠다.

"유명한 남성 과학자 한 사람을 말해 보세요?"

"아인슈타인입니다."

훈이는 질문이 떨어지기 무섭게 대답을 했다.

그러자 곧바로 또 하나의 질문이 이어졌다.

"그러면 유명한 여성 과학자 한 사람을 말해 보세요?"

"퀴리 부인입니다."

"잘했어요."

훈이는 안도의 숨을 내쉬며 자리에 앉았다.

최 선생님이 이번에는 소영을 불렀다.

"유명한 남성 수학자 한 사람을 말해 보세요?"

아인슈타인

퀴리 부인

가우스

"가우스입니다."

소영이 자신 있게 대답했다.

"그러면 유명한 여성 수학자 한 사람을 대답해 보세요?"

"……."

소영은 머뭇머뭇 대답을 하지 못하고 눈만 껌벅거렸다. 딱히 떠오르는 인물이 없는 까닭이었다.

여성은 정녕 수학을 못하는걸까

그렇다. 우리의 기억 속에 또록히 박혀 있는 여성 수학자는 드물다. 아니 좀더 솔직히 말하면, 아인슈타인이나 뉴턴과 같이 일반 대중에게 널리 익숙한 여성 수학자는 없다 해도 지나치지 않다.

수학의 역사를 뒤지고 뒤져서 그나마 훌륭한 여성 수학자라고 뽑아낼 수 있는 인물은 세 명 정도에 그친다.

기원전 그리스에서 활약한 히파티아(Hypatia, ?~414), 19세기 러시아의 소피아 코발레프스카야(Sofya Kovalevskaya, 1850~1891), 독일의 엠미 뇌터(Emmy Noether, 1882~1935) 등이 고작이다.

히파티아 　　　코발레프스카야 　　　엠미 뇌터

그렇다면 여성은 정녕 수학을 못하는걸까? 여성은 남성보다 수학적 재능이 뒤떨어지는걸까?

우리 나라의 대학 입학 성적을 보면 여성과 남성의 수학 성적은 현격한 차이를 보인다. 남성의 평균점이 여성을 월등히 앞서는 것이다. 그러한 현상은 비단 우리 나라에만 국한된 현상은 아니다. 미국의 대학 입학 성적에서도, 일본에서도 여학생의 수학 성적은 남학생에 비해 뒤떨어진다.

그러한 원인을 놓고 전문가들 사이에선 후천적 요인과 선천적 요인을 이야기한다.

후천적 요인을 주장하는 학자는 이렇게 말한다.

"남자 아이들은 어려서부터 레고와 같은 벽돌 쌓기를 즐기면서 주로 지적 능력을 성장시키지요. 그런 까닭에 공간적 수리적 능력이 조화로이 발달하는 것입니다. 반면, 여자 아이들은 일찍부터 인형을 갖고 노는 것을 자연스럽게 받아들입니다. 그래서 수리공간적 능력이 뒤떨어지게 되는 것이지요."

선천적 요인을 강조하는 학자는 다음과 같이 주장한다.

"수학적 재능이 뛰어난 사람의 호르몬을 조사해 보았더니 그들의 몸속에 남성 호르몬이 월등히 많았습니다. 남성 호르몬과 수리공간적 능력이 적잖은 관계를 맺고 있다는 확실한 증거이지요."

그러나 아직까지 그 어떠한 원인 추정도 여성의 수학적 재능을 밝힐 만한 적당한 이유를 제공해 주지 못하고 있다.

그럼에도 여성에 대한 학문적 편견이 그러한 현상에 일조했을 것이라는 데에는 누구도 부인하지 않는다.

하나의 예로 대 수학자 힐버트(David Hilbert, 1862~1943)가 교수 회의에서 이런 제안을 한 적이 있었다.

"뇌터를 수학 교수로 초빙하는 게 어떻겠습니까?"

힐버트

그러자 심한 반발이 일었다.

"뇌터는 여성이 아닙니까. 여성이 어떻게 우리 대학의 수학 교수가 될 수 있겠습니까. 그건 절대로 안 될 일입니다!"

교수들의 입장은 무쇠처럼 강건했다.

그러자 힐버트는 이렇게 탄식을 했다.

'대학 교수라는 자리가 남녀를 따로따로 구분하는 공동 목욕탕이라도 된다는 말인가.'

이처럼 여성에 대한 편견은 그 무엇보다 공평해야 할 학문의 세계에도 뿌리 깊이 퍼져 있는 것이다.

수학은 확실한 것만 추구한다
수학과 과학이 다른 점

갈릴레이의 실험

구름 한 점 없는 맑고 따사한 날이었다.

이탈리아가 배출한 불세출의 물리학자 갈릴레오 갈릴레이(Galileo Galilei, 1564~1642)가 두근거리는 가슴을 쓸어 안으며 한 걸음 한 걸음 긴장한 발걸음을 내딛고 있었다.

갈릴레이는 세계 7대 불가사의의 하나로 여겨지고 있는 피사의 사탑 꼭대기 층에 올라왔다. 그의 가슴은 두근거리고 있었으며, 떨리는 양손에는 질량이 다른 공

갈릴레이

피사의 사탑

이 하나씩 쥐어져 있었다. 그가 테라스 쪽으로 걸어갔다. 그리고는 크게 심호흡을 한 번 하고는 저 멀리 지평선을 곧게 응시했다.

그렇게 수 분이 지나갔다.

그제서야 다소 진정이 되는 것 같았다. 갈릴레이가 감았던 눈을 조심스레 떴다. 그리고는 고개를 숙여 긴장된 눈빛으로 탑 아래를 내려다 보았다. 탑 주위로 수많은 군중이 모여 있었다.

갈릴레이를 지지하는 군중이 외쳤다.

"갈릴레이, 용기를 가지게. 자네는 틀림없이 입증해 보일 수 있을걸세."

그러나 바로 그 옆에서는 또 다른 한 떼의 무리들이 갈릴레이에게 심한 야유를 퍼붓고 있었다.

"제까짓 게 뭘 안다고 저렇게 나서는거야. 2천 년 동안이나 그 누구도 의심하지 않으며 우주의 진리로 당연히 믿어 온 사실을 제까짓 게 뭘 안다고 저렇게 설치고 다니느냔 말이야. 감히 일개 시답잖은 학자 주제에, 대체 저게 합당한 짓이냔 말이야."

"그렇게 열을 올릴 필요가 뭐 있겠나. 곧 있으면 홍당무가 무색할 듯 시뻘개진 얼굴을 하고서 후다닥 내려와 삼십육계 줄행랑을 칠 게 뻔하잖은가. 그렇지 않으면 내 손에 장을 지지겠네."

"이봐, 헐렁뱅이 학자야. 시간 낭비하지 말고 그냥 내려오는 게 어때!"

그러나 갈릴레이의 귀에는 그들의 외침이 전혀 들어오지 않았다. 이 역사적인 실험에 너무도 긴장해 있는 까닭이었다.

갈릴레이가 사탑 난간에 바짝 다가섰다. 그리고는 공을 쥔 양손을 들어 앞으로 쭉 뻗었다. 이제 그가 손아귀의 힘을 풀어 공을 놓으면 누구의 말이 맞을지 결과는 자명하게 밝혀질 터이다.

갈릴레이의 손이 부들부들 떨렸다. 사탑 밑에서 그의 그러한 동작을 지켜보는 사람들도 숨을 죽이고 있기는 마찬가지였다. 요란스럽게 고함치던 군중의 모습은 어느덧 사라지고 없었다.

갈릴레이는 숨을 깊이 들이마시고 뱉었다.

"후우욱……, 푸우우……."

마침내 갈릴레이가 공을 동시에 떨어뜨렸다. 공은 피사의 사탑과 땅 사이의 공간을 빠르게 질주하며 낙하했다.

잠시 후 "쿵" 하는 충돌 음이 갈릴레이의 귀청을 때렸다. 그러나 1초, 2초, 3초……가 흘렀어도 공이 땅을 때리는 충돌음은 더 이상 들리지 않았다. 두 공은 동시에 땅에 충돌한 것이었다.

이렇게 해서 무려 2천여 년 간이나 진리인 것처럼 고이고이 이어져 내려온 아리스토텔레스의 "물체는 무거울수록 빨리 떨어진다"라는 가설이 틀렸음이 명백히 밝혀진 것이다.

자연 과학과 수학의 차이점

갈릴레이가 중력의 일정함을 보이기 위해 피사의 사탑에서 질량이 다른 두 개의 공을 떨어뜨린 앞의 실험은 과학이다. 그것도 자연 과학이라고 하는 경험 과학의 물리학에 속한다.

자연 과학은 물리학 외에도 화학, 생물학, 지구 과학이 속해 있다. 이들은 모두 법칙이라는 것을 담고 있다. 뉴턴의 운동 법칙이니, 부력의 법칙이니, 삼투압의 법칙이니, 우주 팽창의 법칙이니 하는 것을.

자연 과학은 그러한 법칙을 밑거름 삼아서 성장한다. 하지만 그렇다고 해서 그러한 법칙이 영구 불변한 것은 아니다. 아리스토텔레스의, 무거운 물체가 더 빨리 떨어진다고 주장했

뉴턴

던 경우처럼, 그 당시에는 옳다고 믿었던 사실이 수천 년이 흐른 뒤에 가서 틀린 것으로 밝혀지기도 하고, 한 시간 뒤에 뒤집어지기도 한다.

예전에는 태양이 지구의 둘레를 회전한다고 믿었다. 그러나 코페르니쿠스는 그것이 거짓임을 적나라하게 증명했다. 공전하는 것은 태양이 아니라 지구라는 엄연한 사실을 말이다.

자연 과학은 이처럼 기존에 세웠던 법칙의 틀린 구석을 꼼꼼히 찾아내고 튼튼히 보완하여서 자연의 기본 원리에 한 발짝 한 발짝 더 가까이 다가서려는 학문이다. 실험도 하고 관측도 하면서 말이다. 다시 말해, 자연 과학은 경험을 중요한 바탕

코페르니쿠스

4. 묘미 가득한 수학 | **281**

삼아 구축해 나가는 실험 학문인 것이다. 그러다 보니 과학자들은 그 어떠한 법칙이나 이론이 처음부터 완벽하기를 기대하지 않는다.

그러나 수학은 이와는 전적으로 다르다. 수학은 그 모두가 시작부터 절대적으로 확실한 것만 추구한다. '직선은 점으로 이어진 선이다'와 같이 처음부터 영원히 변치 않을 흔들림 없는 약속이나 가정을 미리 정해 놓고 실마리를 하나하나 풀어나가는 것이다.

그래서 절대적으로 완벽하지 못한 것은 아예 법칙이나 정리란 이름을 달아주지 않는다. 그렇게 한치의 어긋남도 허용치 않는 완벽한 진리를 쫓는 학문이 수학인 것이다. 공리로부터 결론을 이끌어내는 추론 과정, 즉 '증명'을 수학이 중요시하는 것이다.

수학의 노벨상
필즈상

노벨과 수학상

매년 늦가을 무렵이면 전세계의 과학계는 술렁인다. 세계에서 가장 권위 있는 상, 이름하여 노벨상의 수상자 발표가 기다리고 있기 때문이다. 물리학상, 화학상, 생리·의학상 이렇게 세 분야에 주어지는 노벨 과학상은 세상의 모든 과학자들이 선망하는 상이다.

노벨상은 스웨덴의 발명가이고 과학자였던 알프레드 노벨(Alfred Nobel, 1833~1896)이 다이너마이트를 개발하여 번 막대한 돈을 사회에 환원한다는 차원에서 제정한 세계 최고의 상이

노벨

노벨상 메달

다. 노벨 재단은 그 막대한 재산을 기꺼이 희사한 노벨의 유언에 따라 세계 발전에 혁혁한 공을 세운 과학자들을 매년 뽑아서 노벨상을 수여한다.

그런데 모든 자연 과학의 기초가 되는 학문인 수학은 노벨 과학상에 들어가 있지 않다.

왜일까? 거기에는 숨은 비화가 있다.

노벨과 동시대의 사람으로 '레플러(Mittag Leffler, 1846~1927)'라고 하는 스웨덴 수학자가 있었다. 레플러는 러시아 출신의 유명한 여성 수학자 코발레프스카야를 길러낸 저명한 수학자이다.

레플러

그런 레플러와 노벨은 고양이와 생쥐처럼 좋지 않은 관계였는데, 바로 거기에 노벨의 고민이 있었다.

'노벨상에 수학상을 집어넣을까 말까? 넣는다면 레플러를 첫 수상자로 지정해야겠지. 설령, 그렇게 하지 않는다 해도 그의 수학적 성취도를 감안하면 수상자를 선발하는 데 그의 조언을 긴요히 참고해야 할 거야. 누가 뭐라 해도 그는 최고의 수학자 중 한 사람이니까.'

노벨은 그것이 싫었던 것이다. 꼴 보기 싫은 사람의 조언을 들으며 마음에 내키지 않는 결정을 내리느니 차라리 수학상을 제외시키는 편이 홀가분하다는 생각을 한 것이었다.

필즈상의 제정

노벨상에서 수학이 제외된 것을 안타까워한 학자는 한둘이 아니었다. 그 가운데 캐나다의 수학자 필즈(John Charles Fields, 1863~1932)가 있었다. 필즈는 캐나다의 토론토 대학에서 공부하고 수학의 본고장인 유럽으로 건너가서 수준 높은 강의를 들었다. 그때 스웨덴의 레플러를 알게 되면서 노벨상에 버금가는 수학상을 마음에 두게 되었다.

필즈

'그런데 수학계가 통합되어 있지 않으니…….'

그렇다. 노벨 과학상에 버금가는 큰 상을 제정하려면 무엇보다 수학계가 하나가 되어서 힘을 모아야 했다. 그런데 당시의 수학계는 제1차 세계대전의 패전국인 독일을 동정하는 측과 그들을 제거하려는 국제 수학 연합파로 분열되어 서로를 헐뜯는 갈등이 이어지고 있었다.

그런 상황에서 범세계적인 국제 수학자 회의를 조직하고, 그 회의를 무사히 이어간다는 것은 분명 쉬운 일이 아니었다. 하지만 그렇다고 해서 마냥 지켜볼 수만도 없는 일이었다. 필즈는 과감히 팔을 걷어 붙이고 나섰다.

필즈의 그러한 뜻에 감동한 동료와 제자들이 제9회 세계 수학자 회의에서 노벨 과학상에 버금가는 상의 제정을 건의했고, 그 안은 곧바로 채택되었다. 필즈의 일생의 염원이 실현되는 순간이었다. 하지만 안타깝게도 필즈는 그러한 뜻 깊은 소식을 전해 듣지 못하고 세상을 떠났다. 이런 유언을 남기면서 말이다.

"내 전재산을 수학 발전에 공헌한 사람을 위한 기금으로 사용하라."

세계에서 가장 권위 있는 수학상을 '필즈상'이라 이름 붙인 데에는 그러한 숨은 이야기가 있는 것이다.

필즈상

세계 최고의 수학상

필즈상은 전세계의 수학자들을 대상으로 하여 수학 발전에 두드러진 공을 세운 수학자에게 수여하는 세계 최고의 수학상이다.

그러한 필즈상은 선정 과정이 엄격하기로 유명한데 수상자의 나이가 40세를 넘으면 받지 못한다는 규정을 두고 있다. 30대이든 60대이든 아무 연령층이어도 상관없는 노벨상과는 사뭇 대조적이다. 그래서 필즈상은 노벨상보다 더 까다로운 상으로 인식되고 있다.

그리고 또 한 가지 재미있는 사실은 수상자에게 수여하는 금메달에 새긴 인물이 필즈가 아니라 아르키메데스라는 점이다.

4년마다 열리는 국제 수학자 회의는 필즈상의 수상자를 결정하여 메달을 수여하고, 과거의 업적에 대한 표창을 하며 앞으로의 연구에 대한 지원을 아끼지 않는다.

첫번째 필즈상은 1936년 스위스 취리히 회의에서, 하버드 대학의 알포스(당시 29세)와 MIT 대학의 더글라스(당시 39세)가 공동 수상했다.

그리고 제2회 시상은 1950년이었다. 제1회 대회 이후 제2차 세계 대전이 발발하여 세계 수학자 대회를 개최하지 못했기 때문이었다. 필즈상의 수상자는 1950~1962년까지는 매회 2명이었으나, 1966년부터는 2명 이상 4명 이하로 결정하여 수상하고 있다.

필즈상 수상자를 가장 많이 배출한 국가는 미국이고, 다음으로 프랑스이다. 그 뒤를 이어 소련, 영국, 일본, 독일, 중국, 이탈리아, 스웨덴, 벨기에의 순으로 수상자를 많이 배출했다. 우리 나라는 노벨 과학상과 마찬가지로 아직까지 필즈상 수상자를 배출하지 못하고 있다. 젊은 수학도들의 정력적인 분발이 요구된다.